中小学生最爱的科普丛书

迷人的太阳系

张哲 ◎编

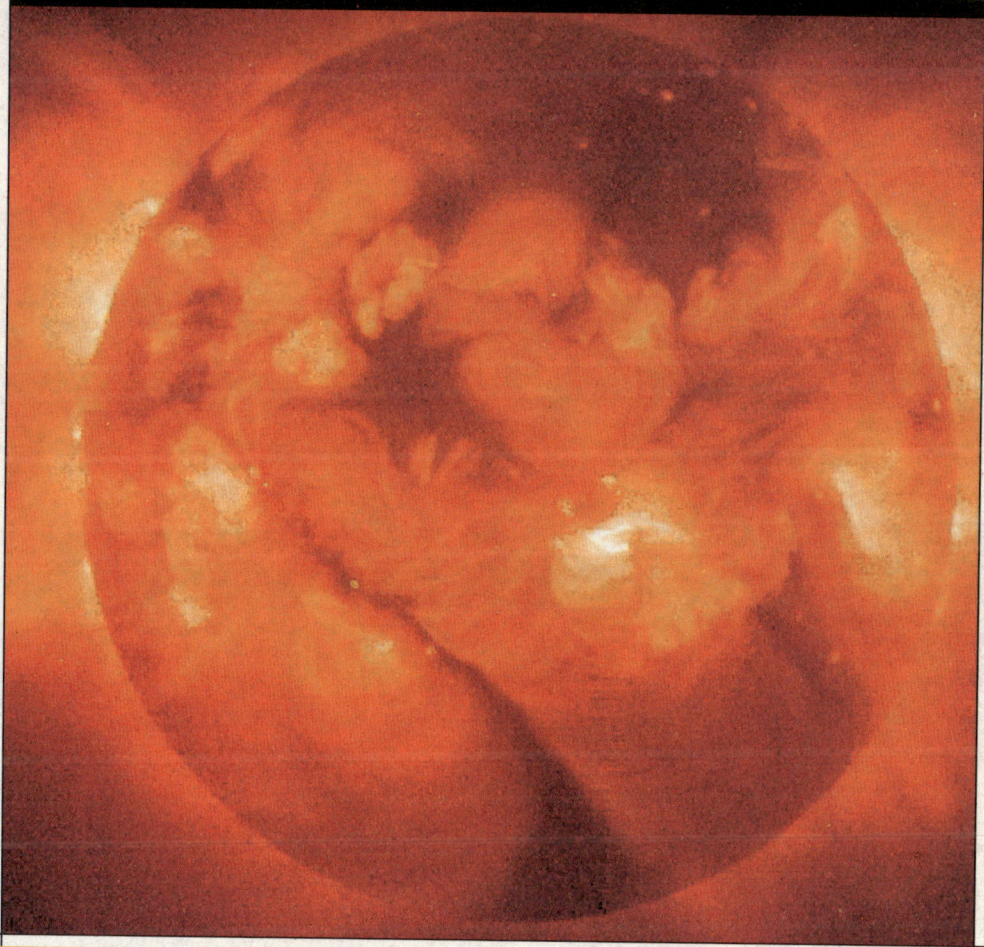

APGTIME
时代出版
时代出版传媒股份有限公司
安徽科学技术出版社

前　言

　　浩瀚的太空，无垠的浓浓夜色，点点钻石般的繁星曾经引起人们多少的遐想。

　　在这茫茫太空中，我们的地球和其他大大小小的行星一起构成了生机勃勃的太阳系。对于太阳系中的八大行星来说，它们的活动都有共同的地方，也有各自不同的特点：水星轨道的运动、金星表面极高的温度、地球上那堪称奇迹的生命现象、木星大红斑、土星的光环、天王星奇怪的运动轨道、海王星诡异的颜色等都是人类想要揭开的秘密。虽然太阳系只是很小的一块宇宙区域，但是这里已有数不尽的奥秘，等着人类去探索。

　　本书图文并茂，浅显易懂。相信对爱好探索宇宙知识的小读者来说是一种前所未有的视觉"盛宴"。

　　跟我们来吧！走进神秘的太阳系，体验一次惊险有趣的太空之旅。相信你一定会不虚此行。

目　录

探索太阳系

太阳是离我们最近的恒星，也是地球上热量的主要来源，我们的地球和其他大大小小的行星一起围绕太阳旋转运动，构成了太阳系。

太阳系

太阳系是一个由恒星和一群行星组成的天体系统，这里有我们熟悉的太阳、金星、水星和木星等行星，也有我们最为熟悉的地球和月球，这里就是我们的家园。

中间的太阳

在太阳系的中心就是太阳，太阳系里唯一一个恒星，太阳在太阳系中是绝对的中心，太阳系几乎所有的质量都集中在太阳身上。

行星的赛跑

我们把地球围绕太阳旋转一圈所用的时间称为一年，我们的一年大约是365天，但是其他行星上的一年就不是这个天数了。

你知道吗?

太阳是离我们最近的一颗恒星。如果从地球坐车到太阳，每小时走100千米的话，也需要马不停蹄地奔驰170年才能到达太阳。

太阳系里的小碎块

在太阳系里还存在许多体积很小的天体，这些天体被称为太阳系小天体，它们游荡在太阳系里，几乎太阳系的每一个区域里都存在着这样的小天体。

我们的邻居怎么运动

在我们地球上看来，天上的行星好像都在围绕着我们运动，而实际上它们并没有这么做，它们像地球一样，都在围绕着太阳运转，只是它们的轨道不一样。

海王星
天王星
太阳
水星
金星
地球
土星
火星
木星
小行星带

"可怜"的冥王星已被"开除"出九大行星之列，"落魄"地加入矮行星之列。

太阳系的形成

大多数天文学家认为，从巨大的太阳到最小的行星，太阳系中的所有成员都是从一个由气体和宇宙尘埃组成的巨大而旋转的太阳星云中产生的。

原始的太阳

在宇宙空间，有许多大大小小的尘埃团。这些尘埃团不断地互相碰撞和凝聚，最后一个巨大的尘埃团出现了，所有的尘埃都向着这个大尘埃团附着。这个大尘埃团变得越来越大，内部温度也越来越高，最终点燃聚变之火，发生爆炸，原始的太阳就这样诞生了。

大大小小的星星

爆炸的时候原始尘埃团会向空间喷出大量的尘埃，这些尘埃在一些轨道上凝聚成团，但是新形成的尘埃团没有足够的压力和氢元素，所以它们最后形成了太阳系大大小小的行星和卫星。

行星的产生

行星在大约 46 亿年以前开始形成。随着行星的形成，微小的颗粒碰撞结合成谷粒大小的小块，然后形成小圆石，接着形成大圆石，最终形成了巨大的被称为行星原体的块状物。当它们足够大时，这些行星原体已有足够的引力去吸引越来越多的物质。

对未解之谜的探索

截止到 20 世纪末，关于太阳系形成的假说已有 100 多个，但这些假说仅能说明太阳系存在的部分事实，太阳系中还有许多未解之谜等待着我们去解答与探索。

太阳是怎样成长的

童年时代的太阳并没有现在这般炽热，那时它还只能发出暗淡的红光。5 000 万年以后，太阳团继续收缩，内部温度增大到 700 万℃以上，开始发生核聚变。现在的太阳正处在壮年期，中心温度高达 1 500 万℃以上，氢不断聚变成氦，稳定地释放着光和热。

太阳系的成员

太阳系就是我们现在所在的恒星系统。它包括太阳、八大行星及其卫星、小行星、彗星、流星体以及行星际物质。人类所居住的地球就是太阳系中的一员。

12

"兄弟"排排坐

在这个大家族中，离太阳最近的行星是水星，向外依次是金星、地球、火星、木星、土星、天王星和海王星。

不同的命名

太阳系中,我们肉眼能看到的行星只有五颗,对这五颗行星,各国命名不同,我国分别把它们命名为金星、木星、水星、火星和土星,这并不是因为水星上有水,木星上有树木才这样称呼的。而欧洲呢,则是用古罗马神话人物的名字来称呼它们。

2002年5月20日的"行星连珠"

类木行星

离太阳较远的木星、土星、天王星、海王星称为类木行星。它们都有很厚的大气圈,其表面特征很难了解,一般推断,它们都具有与类地行星相似的固体内核。

13

类地行星

类地行星

最接近太阳的四个行星,水星、金星、地球和火星,就是我们通常所说的类地行星,它们的组成和构造都非常相似。

太阳系的运动

　　太阳系的各个天体都在自己固定的轨道上安全地运行着，但是也有一些星体的运行轨道与其他同类天体大不一样，比如各种彗星和过客天体。正是因为这些原因，太阳系星体的运动大体上呈现一种井井有条，却又不是那么一成不变的面貌。

14

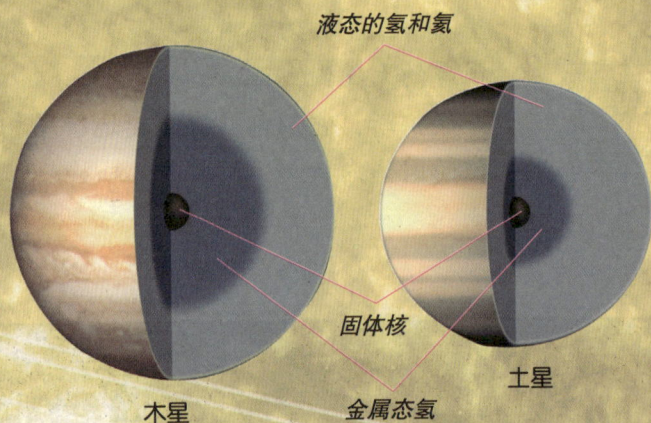

液态的氢和氦

固体核

木星

金属态氢

土星

勤劳的太阳

　　太阳带着整个太阳系，在一个以银心为中心的椭圆轨道上运行，同时它还以自身为轴心不知疲惫地转动着。

为什么我们感觉不到

　　因为太阳自转的速度很慢，而且不同的部分转动的速度也不一样，如果没有仪器帮助，我们很难观测到太阳的自转，所以我们平时觉察不到太阳的自转。

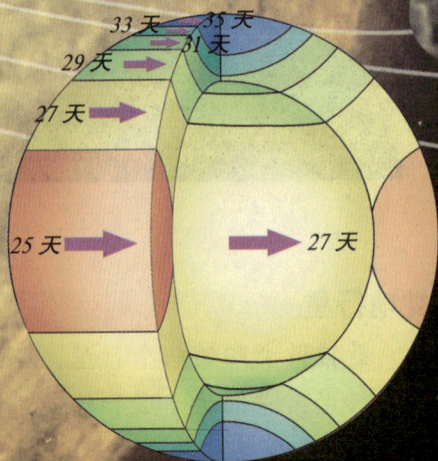

33 天　35 天
29 天　31 天
27 天
25 天　27 天

太阳的自转速度示意图

椭圆轨道

对于像地球、木星等这样的大行星来说，它们的运行轨道是一个椭圆，有时候我们也可以把这些椭圆看做是圆形。这些轨道之间的夹角非常之小，几乎都在一个同心圆面上。

八大行星的公转轨道

你知道吗?

太阳系中的八大行星都位于差不多同一平面的近圆轨道上运行，朝同一方向绕太阳公转。除金星外，其他行星的自转方向和公转方向相同。

彗星的轨道

危险的彗星运动

彗星轨道有很多是椭圆形的，不过那些轨道呈圆锥曲线或者抛物线形的彗星，有很多消失在太阳系里。那些没有被发现的彗星是对人类危险最大的星体，因为这些彗星行踪不定，谁也不知道它们会在什么时间出现在什么地方。

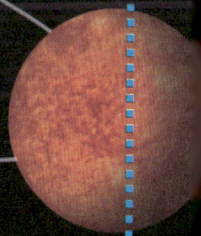

恒星太阳

太阳是一个正在燃烧的恒星，它释放出大量的能量，给我们带来光明，使地球的温度正好适合生命生存，而太阳自身的活动对太阳系也有很大的影响。

庞大的巨人

太阳是太阳系中一个巨人，它可以轻松地把近 200 万颗地球塞进自己的肚子里，如果把地球看做一个人那么大，那么太阳就要比世界上最大的峡谷还要大呢。

长"雀斑"的太阳

太阳黑子就是太阳表面的黑斑，它一般出现在光球层上，太阳黑子并不是什么时候都会有，有时它特别多，而有时又很少。太阳黑子区域的温度要比旁边区域低。

燃烧的大火球

太阳内部正在发生剧烈的核反应，因此它内部的温度有上千万度，不过它的表面温度没有这么高，尽管如此，太阳表面的温度还是要比地球上火山喷发出来的岩浆的温度要高。

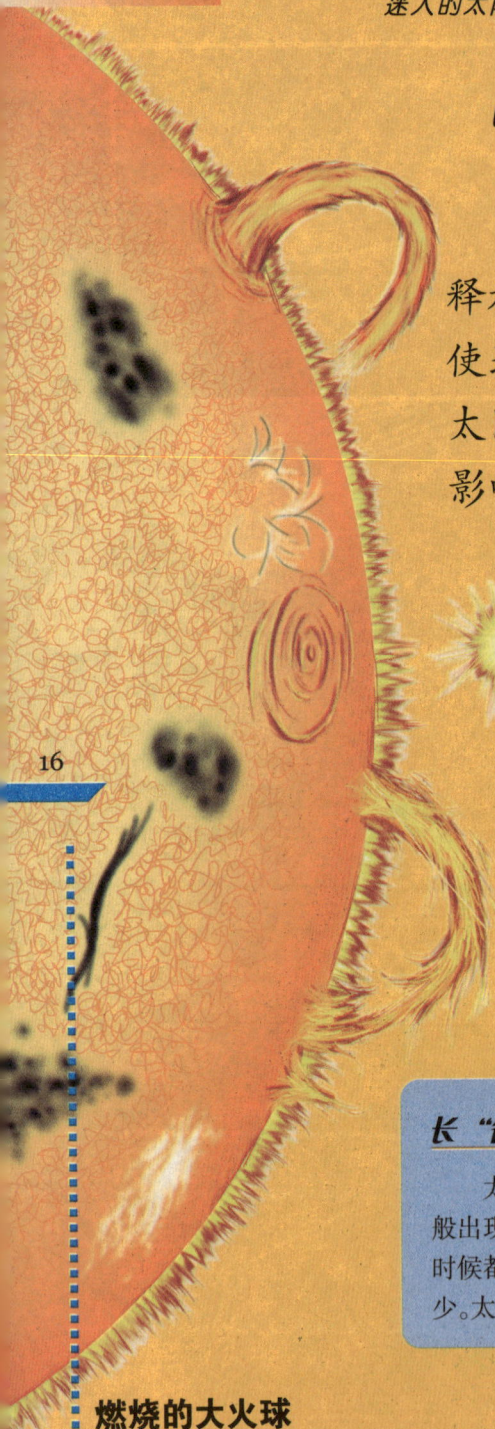

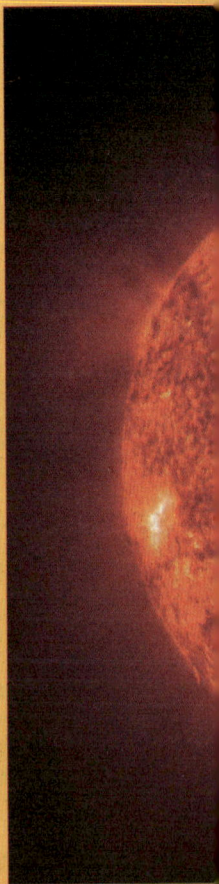

16

漂亮的"外衣"

　　太阳的大气层从内到外被分为光球层、色球层和日冕，光球层是太阳光的来源，非常的明亮，所以我们平常看见的太阳，其实就是它的光球层，是不是感觉很漂亮呢？

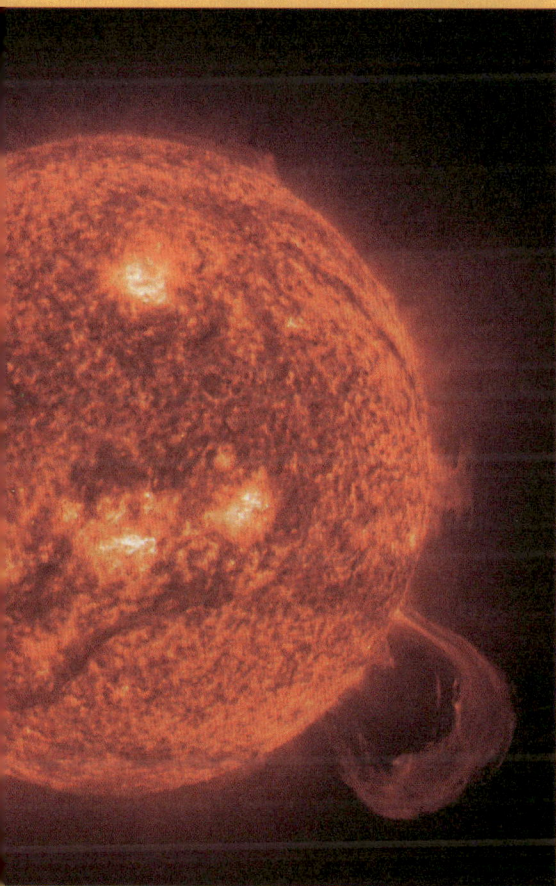

日冕物质抛射可以说是太阳系中最猛烈的爆发现象。

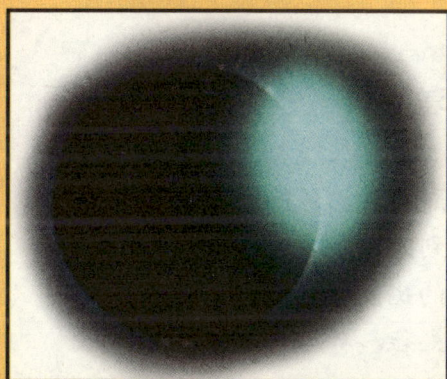

贝利珠是由于月球表面高低不平的山峰像锯齿一样把太阳发出的光线切断造成的。

太阳的"耳朵"

　　有时候，太阳的色球层上会突然升起一股由炽热的岩浆组成的柱子，就好像长长的耳朵一样。这就是我们所说的日珥，日珥的高度甚至要比地球上最高的山峰还要高得多呢。

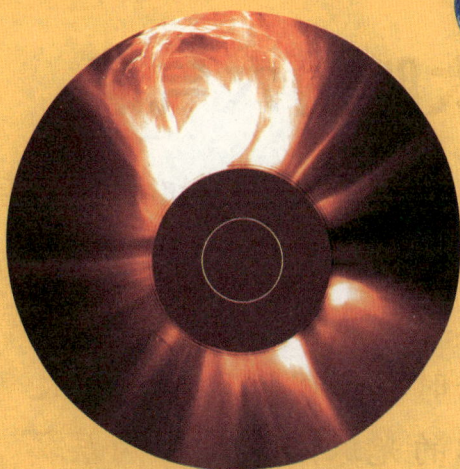

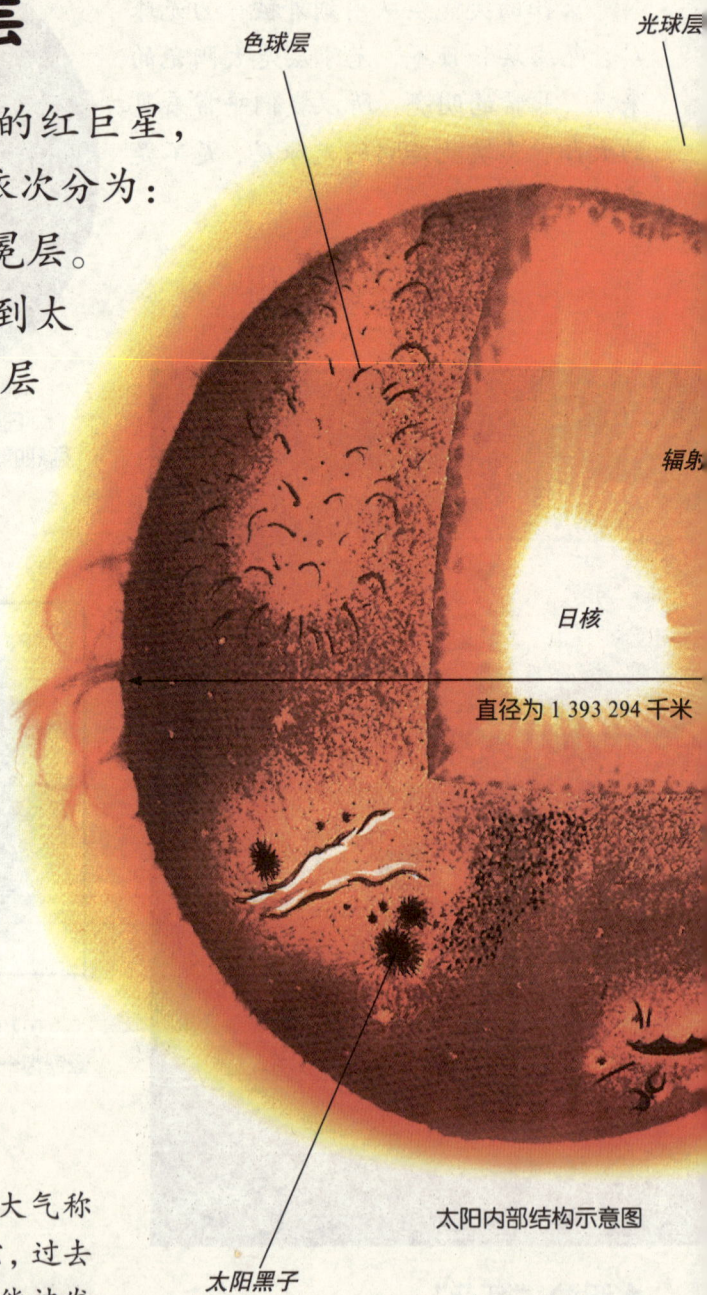

太阳的大气层

太阳是一个炽热的红巨星，它的大气层从内到外依次分为：光球层、色球层和日冕层。平时我们肉眼只能看到太阳的光球层，其他两层很难看到。

色球层

光球层

辐射

日核

直径为 1 393 294 千米

太阳黑子

太阳内部结构示意图

米粒组织

光球层的大气中存在着激烈的活动，用望远镜可以看到光球表面有许多密密麻麻的斑点状结构，很像一颗颗米粒，称之为米粒组织。

绚丽光彩的色球层

紧贴光球层以上的一层大气称为色球层，我们平时看不到它，过去这一区域只是在日全食时才能被发现。当月亮遮掩了光球明亮光辉的一瞬间，人们能发现日轮边缘上有一层玫瑰红的绚丽光彩，那就是色球层。

18

一刻也不闲着

太阳看起来很平静，实际上无时无刻不在发生剧烈的活动。太阳表面和大气层中的活动现象，比如太阳黑子、耀斑和日冕物质喷发等，会使太阳风大大增强，影响地球磁场。

日冕

柔和美丽的日冕

在日全食时的短暂瞬间，常常可以看到太阳周围除了绚丽的色球外，还有一大片白里透蓝，柔和美丽的晕光，这就是太阳大气的最外层——日冕。

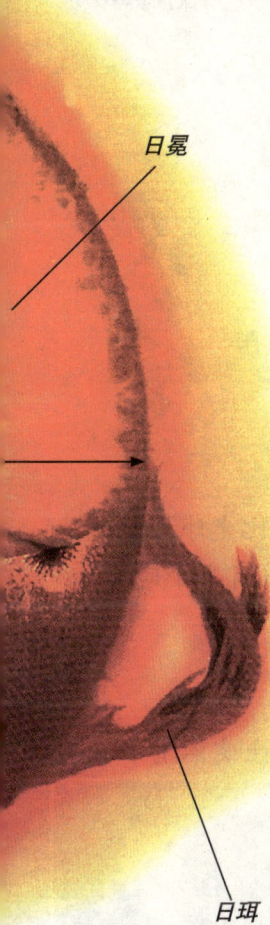

冕洞是日冕中气体密度较低的区域，寿命最长可达一年。

日珥

动人的传说

中华民族的先民把自己的祖先炎帝尊称为太阳神。而在绚丽多彩的希腊神话中，太阳神被称为"阿波罗"。他右手握着七弦琴，左手托着象征太阳的金球，让光明普照大地，把温暖送到人间，是万民景仰的神灵。

太阳活动

太阳活动是太阳大气中，局部区域里各种不同活动现象的总称。太阳活动标志有：太阳黑子、光斑、耀斑和谱斑等，这些太阳活动与人们的日常生活联系十分密切。

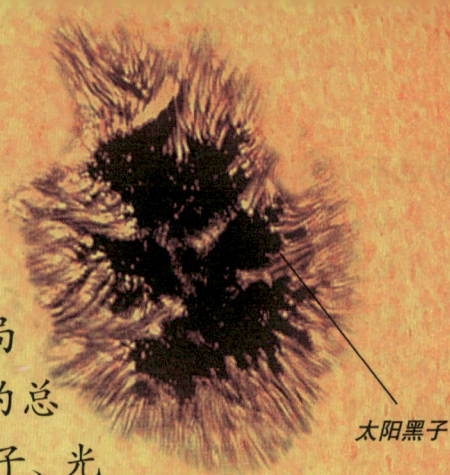

太阳黑子

太阳黑子

太阳黑子是在太阳的光球层上发生的一种太阳活动，是太阳活动中最基本、最明显的活动现象。

光斑

光斑是在太阳的光球层上出现的一种太阳活动，它是一些比光球上其他地方更明亮的区域，一般在太阳黑子出现之前出现，平均寿命只有半小时。

太阳耀斑

当我们使用天文望远镜观测太阳的时候，有可能看到太阳上突然有一片亮起来的区域，而且越来越亮，区域面积也随之越来越大，这种现象就称为"太阳耀斑"。

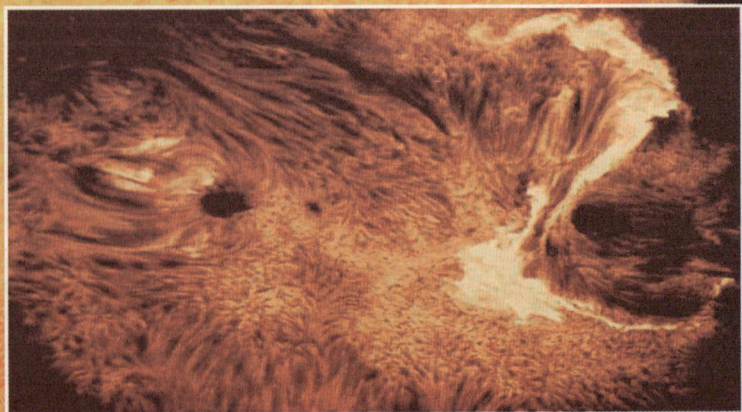

耀斑释放的巨大能量来自磁场。

日珥

日珥是在太阳的色球层上产生的一种非常强烈的太阳活动，是太阳活动的标志之一。它是太阳磁场剧烈活动的结果，也是证明太阳磁场存在的证据。

日珥

太阳是我们唯一能观测到表面细节的恒星，我们直接观测到的是太阳的大气层。

太阳活动预报

太阳活动对于地震、火山爆发、旱灾、水灾、人类心脏和神经系统的疾病，甚至交通事故都有关系。因此也形成了太阳活动预报这门学问。

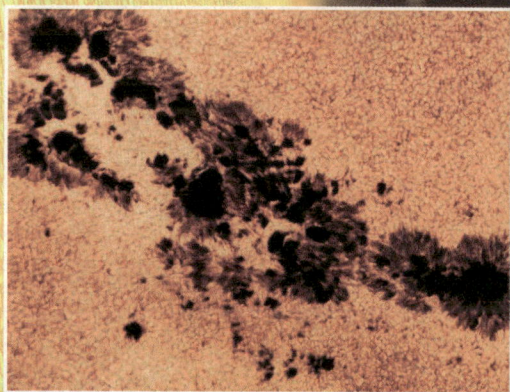

你知道吗？

当太阳上黑子和耀斑增多时，发出的强烈射电会扰乱地球上空的电离层，使地面的无线电短波通讯受到影响，甚至会出现短暂的中断。

太阳风

　　在日全食的短暂瞬间，太阳的最外层——日冕层里的物质更加稀薄，并且向外做着剧烈的膨胀运动，使得一部分粒子流逃脱太阳的引力，向外流出而形成太阳风。

吹到后面去

　　使彗星产生尾巴的也是太阳风。彗星在靠近太阳时，星体周围的尘埃和气体会被太阳风吹到后面去。

研究太阳风

　　强大的太阳风至少可以吹遍整个太阳系，它的存在，给我们研究太阳以及太阳与地球的关系提供了方便。

22

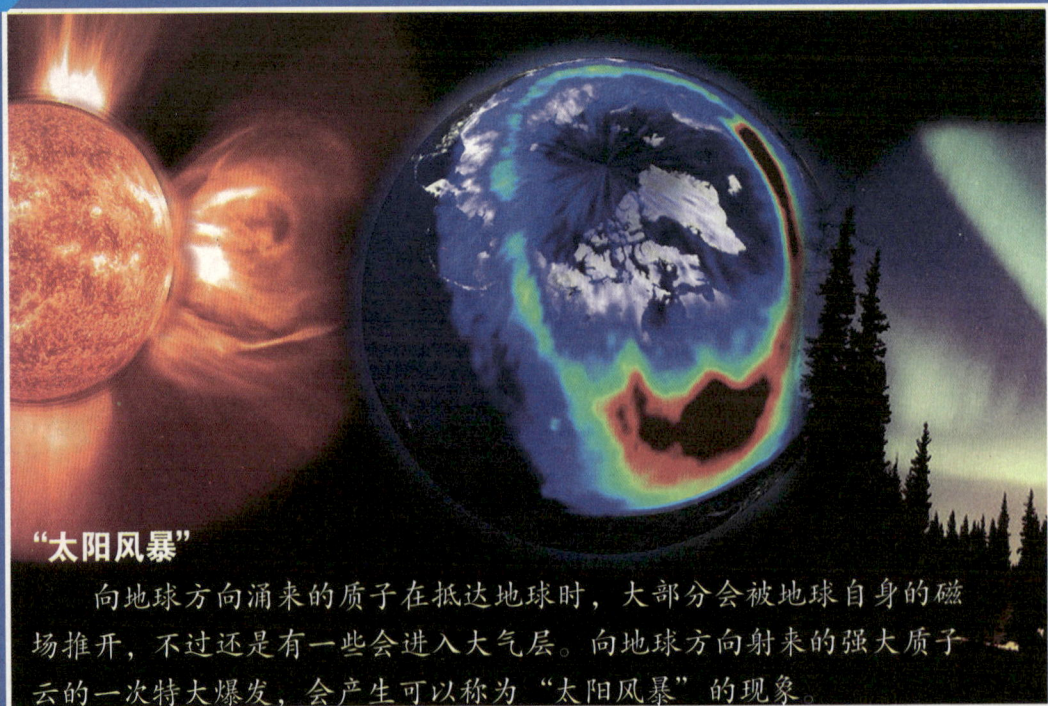

"太阳风暴"

　　向地球方向涌来的质子在抵达地球时，大部分会被地球自身的磁场推开，不过还是有一些会进入大气层。向地球方向射来的强大质子云的一次特大爆发，会产生可以称为"太阳风暴"的现象。

绚丽壮观的极光

当太阳出现突发性的剧烈活动时，太阳风中的高能离子会增多，这些高能离子能够沿着磁力线侵入地球的极区，并在地球两极的上层大气中放电,产生绚丽壮观的极光。

太阳风可以影响地球上的通讯。

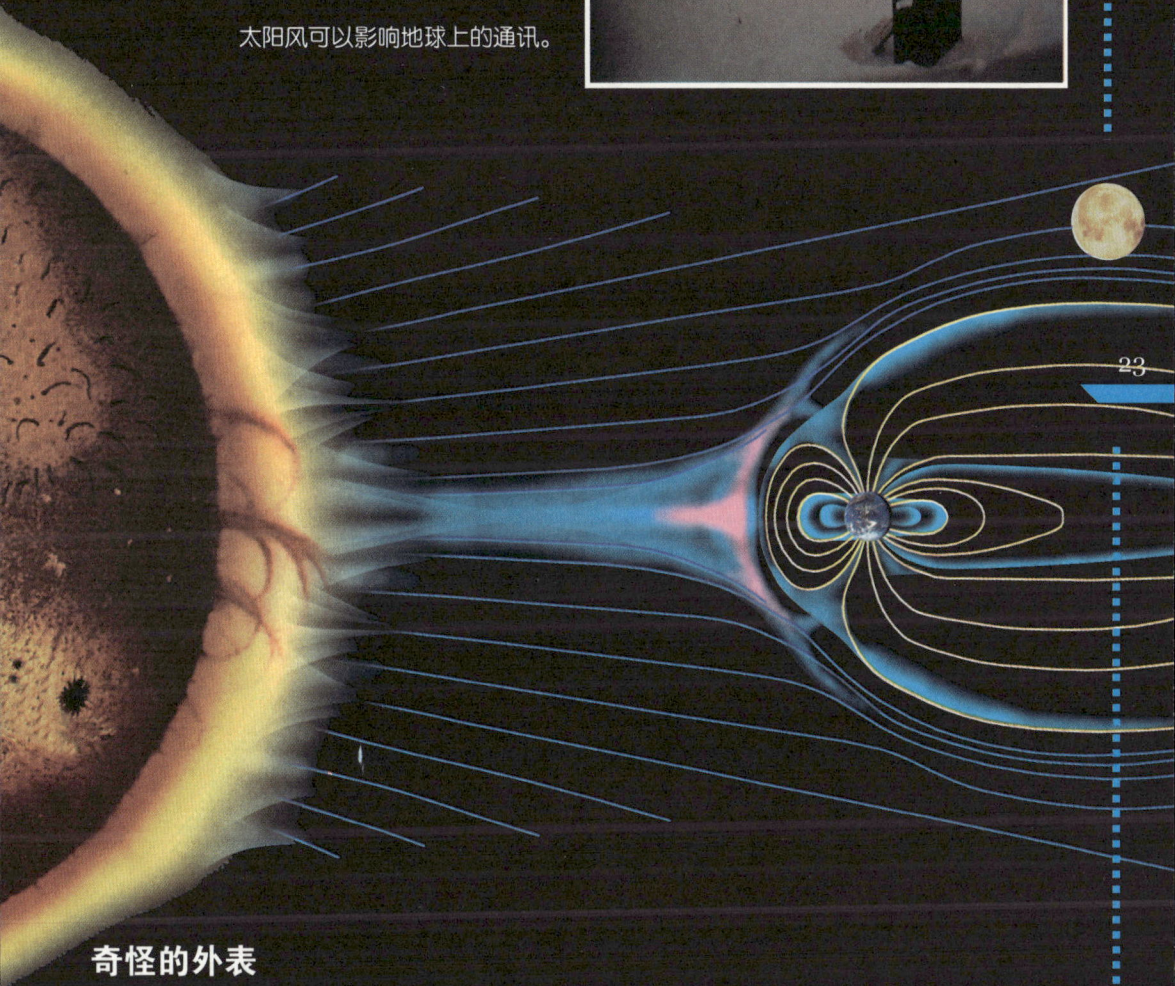

奇怪的外表

当太阳风到达地球附近时，与地球磁场发生作用，并把地球磁场的磁力线吹得向后弯曲。此时形成一个空腔，地球磁场就被包含在这个空腔里。此时的地球磁场外形就像是个一头大一头小的蛋状物。

没有水的水星

水星是离太阳最近的行星，因为大气极其稀薄，水星是一个干燥、炎热的荒凉世界。在这里，大气极少，因此在水星上，即使在白天也可以看见恒星在天空闪耀光芒。

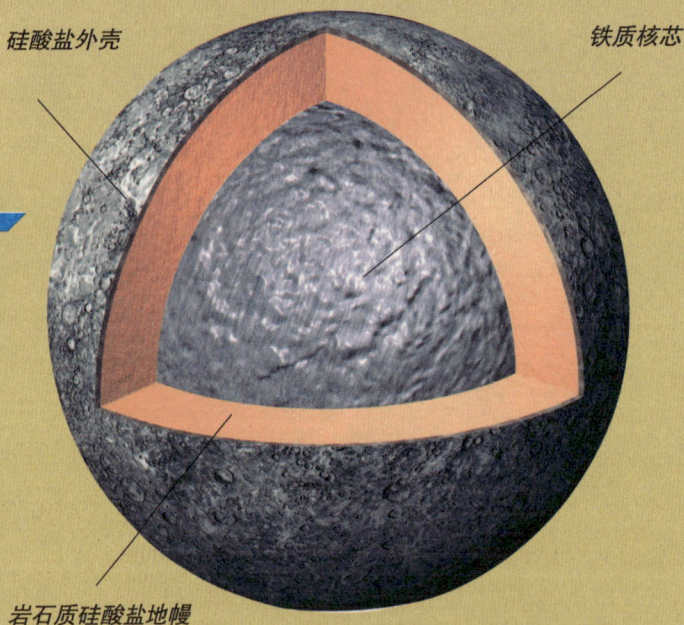

硅酸盐外壳

铁质核芯

岩石质硅酸盐地幔

水星的内部结构

太阳旁边的小个子

水星是太阳系最小的行星之一，它的直径还不到地球的一半，太阳系里的一些行星或卫星甚至都比它大，不过，水星自己没有卫星。

冰火两重天

水星虽然离太阳近，但是因为大气少，因此水星上的温度也很不均匀，被太阳照射的地方温度有几百摄氏度之高，而没有被太阳照射到的地方温度在零下100℃左右。真是个冰与火的世界啊！

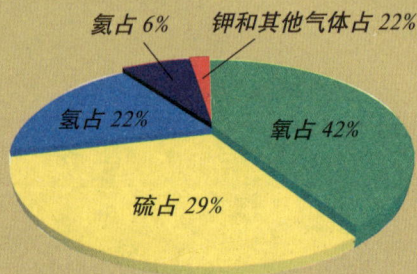

氦占 6%　　钾和其他气体占 22%

氢占 22%

氧占 42%

硫占 29%

水星的大气结构示意图

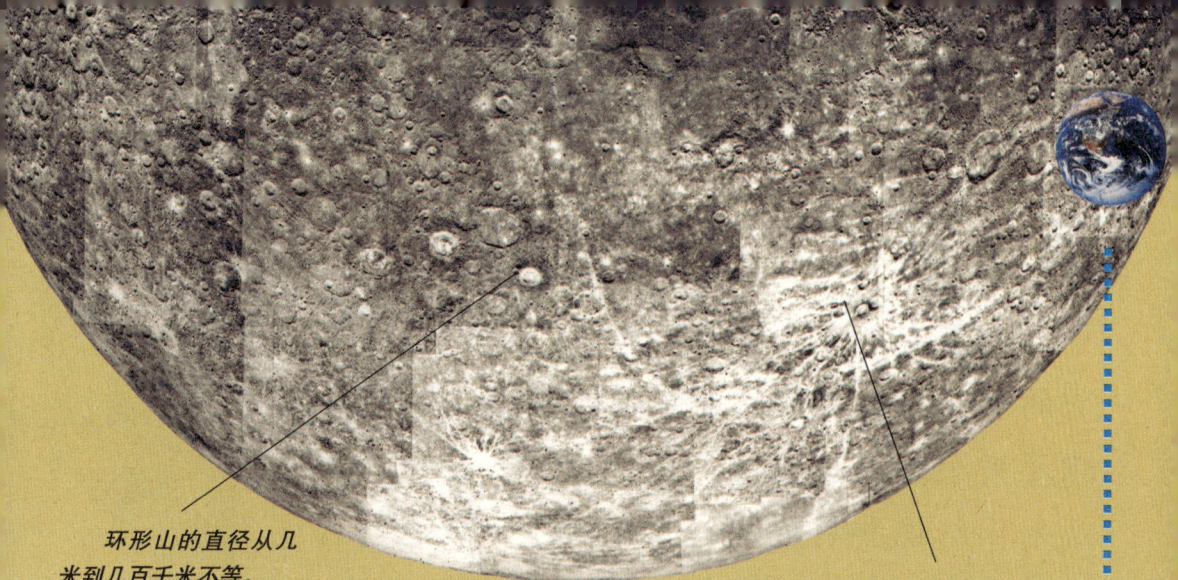

环形山的直径从几
米到几百千米不等。

水星上的环形山一
般都比月球上的浅。

你知道吗?

据统计，水星上的环形山有上千个，这些环形山的坡度比月亮上环形山的坡度平缓。这些环形山都被起了名字，其中有十多个环形山是用中国人的名字命名的，其中就有鲁迅。

水星上的山

水星上的"卡路里盆地"

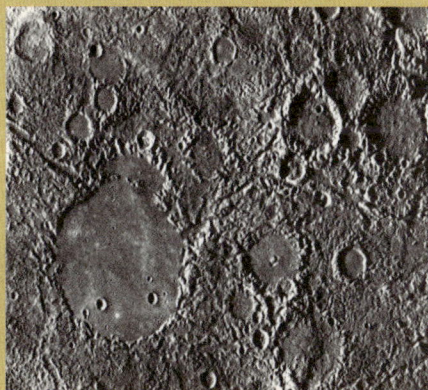

好漫长的一天呀

因为水星自己转动的速度很慢，所以水星上白天和夜晚持续的时间很长，它围绕太阳旋转两圈，自己才转动三圈，也就是说，在水星上两年时间也只有三天。

为什么没有"外套"呢?

因为靠近太阳，所以水星经常遭受到太阳风的袭击，在数十亿年的时间里，水星上的大气几乎都被太阳风刮走了，因此现在水星上的大气非常少，就好像一个人没有外套一样。

金 星

硅酸盐外壳

金星有着十分浓密的大气，但是它的大气中最主要的是二氧化碳，其中还夹杂着一些硫磺，这些大气会反射出红色和黄色的光，因此金星的外表就成为红色和黄色的。

又闷又热的星球

26

金星大气中含有二氧化碳，这样的大气就像一张棉被一样包裹着金星，使金星的温度保持在400℃左右，成为一个又闷又热的星球。

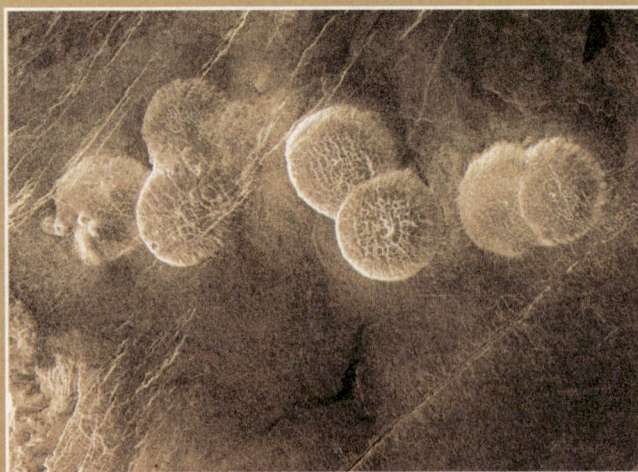

铁和镍核

金星的结

古怪的表面

金星的表面是一个非常独特的世界，它的表面形成时间只有几百万年，在金星上到处都是平坦的平原，只有少数地方才会有山脉。

在金星的阿尔法地区，有一些薄煎饼式的圆丘，它们是顶部平坦，四周陡峭的火山，平均直径有20千米，高750米。

太阳从西边出来

金星是太阳系中唯一逆向自转的大行星，所以，从金星上看太阳，自然是西升东落的，在金星上，"太阳从西边出来"可是绝对的真理。

岩石地幔

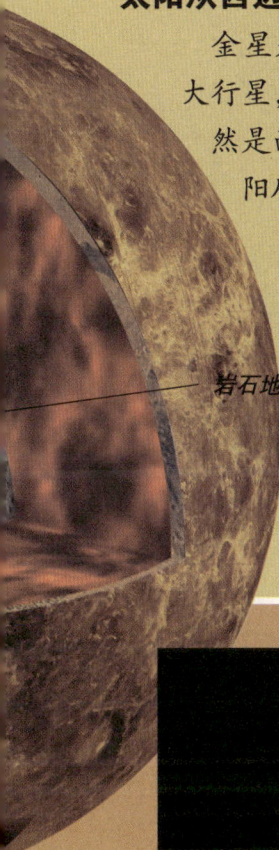

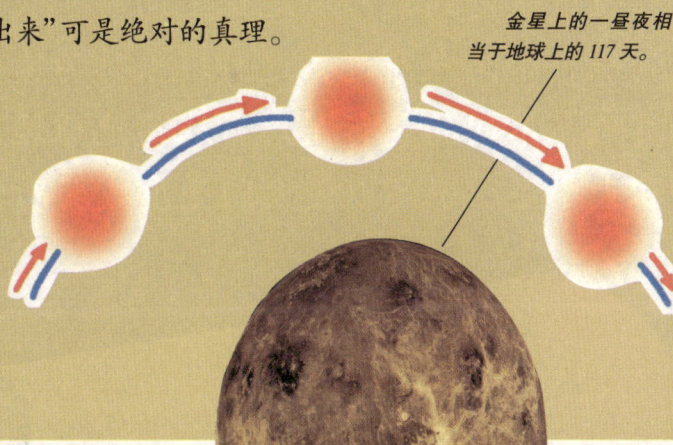

金星上太阳西升东落示意图

金星上的一昼夜相当于地球上的117天。

慢吞吞的自转

金星的自转速度很慢，它的一天所用的时间相当于地球上的100多天。因为自转比较慢，因此它没有磁场区。

金星上的云

金星上的火山

现在的探测表明金星上曾经出现过剧烈的火山运动，这些火山喷发向金星大气中排放了大量的硫磺，同时也对火星表面的样貌有很大的影响。

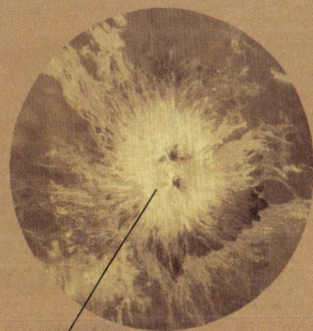

金星上的火山

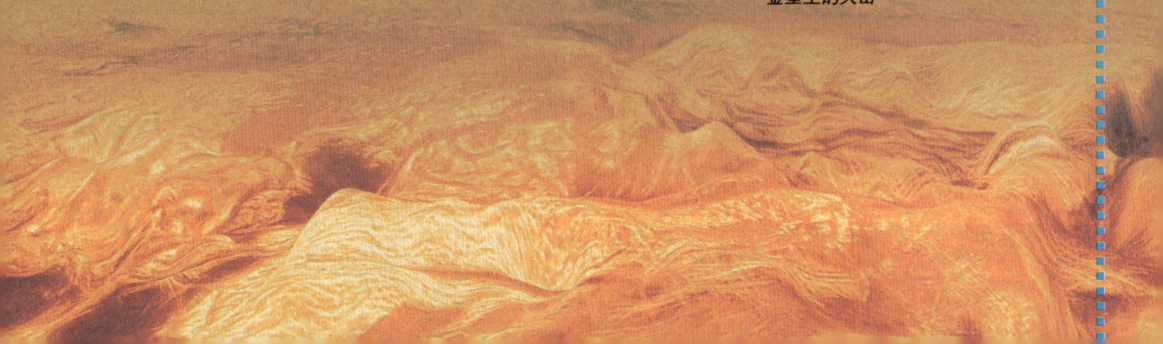

行星凌日

当行星走到太阳和地球之间时，我们在太阳圆面上会看到一个小黑点穿过，这种现象称为凌日。它的道理和日食类似，不同的是行星比月球离地球远，行星挡住太阳的面积太小了，不足以使太阳亮度减弱而已。

地球

水星凌日

太阳

水星

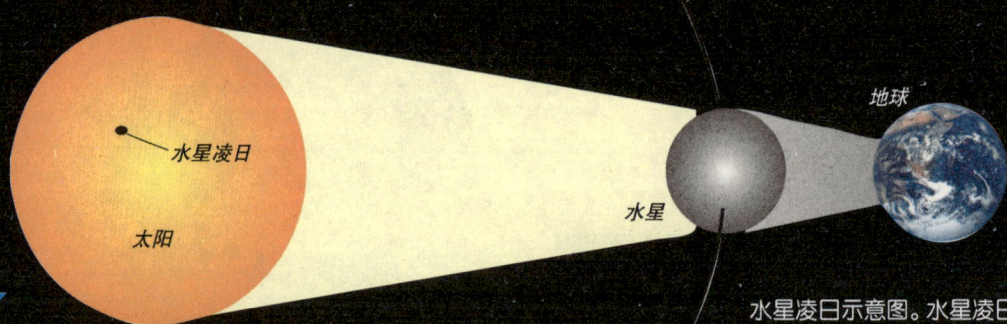

水星凌日示意图。水星凌日发生的道理和日食类似，不同的是水星比月亮离地球远，视直径仅为太阳的1/190万。

水星凌日

当水星运行到地球和太阳之间时，在太阳圆面上会看到一个小黑点穿过，这称为"水星凌日"。由于水星挡住太阳的面积太小了，不足以使太阳亮度减弱，所以，用肉眼很难看到水星凌日，只能通过望远镜进行投影观测。

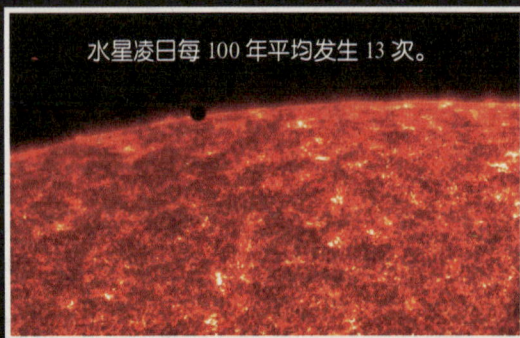

水星凌日每100年平均发生13次。

罕见的金星凌日

像水星一样，我们有时候也会看见金星经过太阳表面，这种天象就是金星凌日，通常金星凌日的时间间隔很长，因此金星凌日天象很罕见。

为什么水星和金星有凌日现象

　　这是因为水星和金星都是在地球的公转轨道内侧环绕太阳公转，这样的行星叫内行星，它们有机会从太阳和地球之间通过，这是产生行星凌日的必须条件。因此，凌日是内行星才会有的天象。

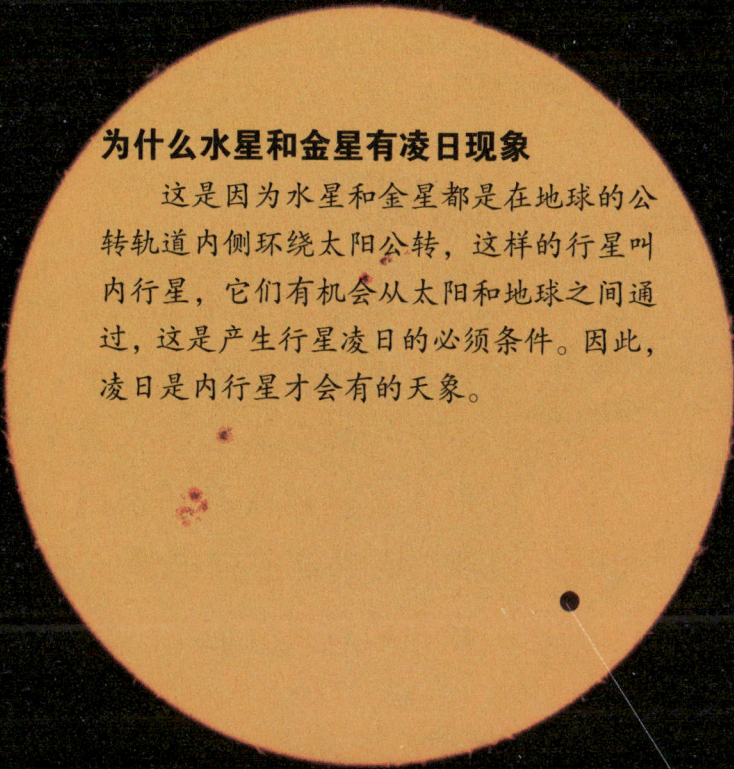

金星凌日看起来就像太阳面庞上的一颗黑痣。

外行星

　　像火星、木星、土星、天王星、海王星等各大行星都是在地球公转轨道的外侧环绕太阳公转的，这样的行星叫外行星，它们不可能从太阳和地球之间通过，所以也就不会产生凌日现象。

你知道吗?

　　出现凌日现象的只有水星和金星，火星、木星、土星、天王星、海王星则都没有凌日现象。

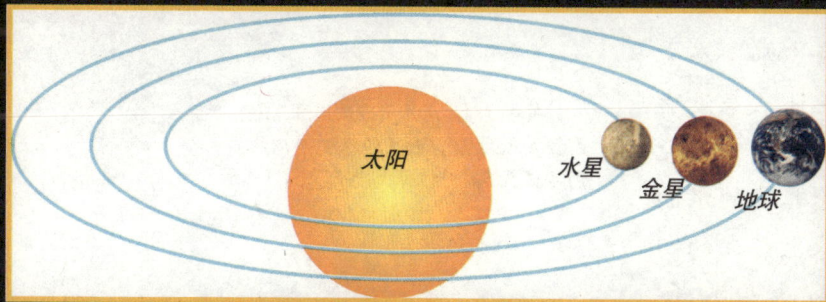

太阳　　水星　金星　地球

内行星公转轨道示意图

生命摇篮——地球

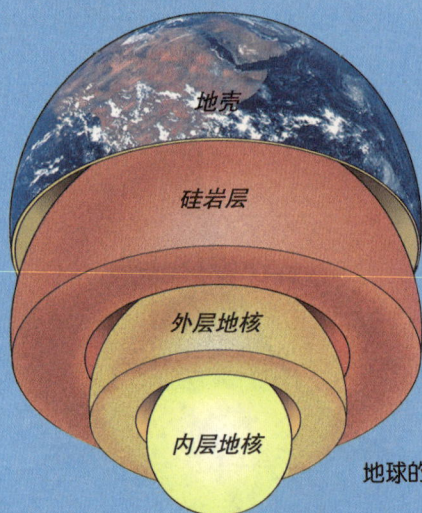

地壳

硅岩层

外层地核

内层地核

地球的内部结构

地球是太阳系八大行星之一，是离太阳第三近的行星。它是太阳系里一颗充满了生机的星球，是我们人类赖以生存的家园。到目前为止，地球是宇宙中唯一发现有生命存在的行星。

30

蓝色的星球

因为地球表面大部分地区都被蓝色的海洋覆盖，因此从太空中看，地球是一个美丽的蓝色星球。

名副其实的水之星

地球最大的一个特点就是含有大量的液态水，在太阳系其他行星上还从来没有发现如此多的水存在，因此地球是一个名副其实的水的世界。现在地球上最大的四个海洋是太平洋、大西洋、印度洋和北冰洋。

地球是唯一一个有水的行星，因为它表面的 70%被海洋覆盖，所以看起来是一个美丽的蓝色星球。

虽然地球上的水资源很丰富，但是淡水是我们需求极大的资源，所以我们要从小培养节约用水的好习惯。

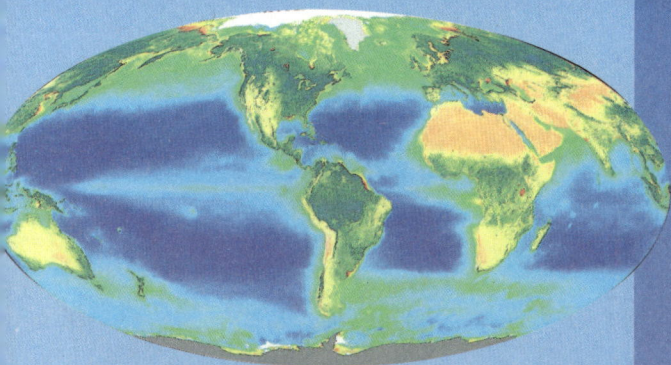

地球生物圈

大陆

    我们都生活在陆地上，而整个陆地只占了地球表面不到 30% 的面积，不过这些足够陆地生物生活需要了。现在地球上有亚洲、欧洲、非洲、北美洲、南美洲、大洋洲和南极洲 7 个大陆。

幸运的人

    公元 1519 年 9 月，葡萄牙航海家麦哲伦的环球航行证明地球是圆的。前苏联宇航员加加林是第一个从太空看见我们蔚蓝色地球的人。

"梨形"的地球

美丽的生物世界

    地球上最引人注目的就是各种各样的生物了，这些生物有植物、动物、细菌、真菌和病毒等，它们组成了地球上庞大而复杂的生物世界。

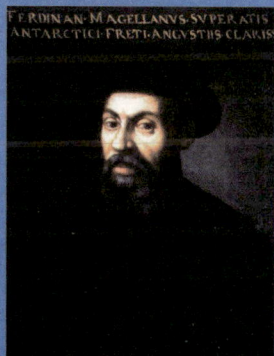

葡萄牙航海家麦哲伦

地球的大气

大气层保护着地球的"体温"，就像人们穿的外套一样。它可以使地表的热量不容易散失，同时通过大气的流动和热量交换，使地表的温度得到调节。

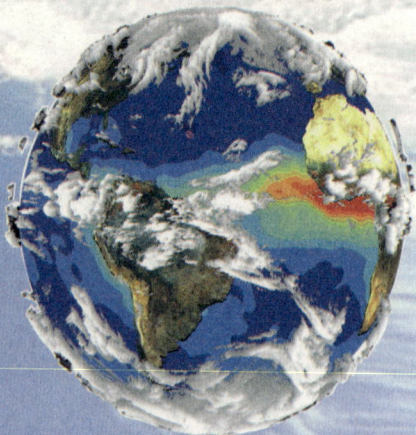

地球的大气，像是给地球穿上了一层透明的外衣。

地球的组成

地球是一个球状物体，由固体、液体和气体组成。地球本身的主要部分为固体，外层叫岩石圈，岩石圈表面由一层饱含水分的水圈所包围，水圈以外，再由一层气体所笼罩的是大气圈。

32

大气圈的结构

现在笼罩着地球的大气，其厚度在3 000千米左右，通常称之为大气层或大气圈。它的总质量并不大，但作用可不小。大气圈在结构上，自下而上依次可分为对流层、平流层、中间层、热层和外层。

生命物质的源泉

大气是地球上生命物质的源泉。它维系着生物的光合作用，进行氧和二氧化碳的物质循环，从而维持着生物的生命活动，所以没有大气就没有生物，没有生物也就没有地球今日的世界。

大气成分

地球大气层中含有氮气、氧气、二氧化碳和水蒸气等气体，它们为生命运动提供原料，同时也通过运动来调节水资源和热量。

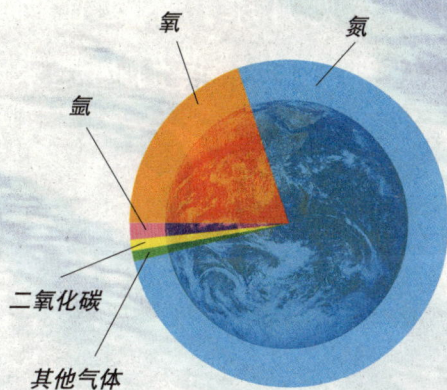

氧

氮

氩

二氧化碳

其他气体

外层

暖层

中间层

平流层

对流层

有用的大气圈

地球的大气圈很薄，但它却非常有用。它薄得足以让阳光通过，而且含有一些足以阻挡来自太阳的有害辐射的气体，它不仅吸收掉了大部分会危害人类生命的紫外线，而且还为我们阻挡来自太空中陨石的伤害，同时还为我们提供了呼吸的空气。

月 球

月球是我们最熟悉的天体，在晴朗的夜空里，除了特别的几天以外，我们几乎每天可以看见月球，不过直到 17 世纪人们才用望远镜观察月球，从那以后，我们也越来越了解月球了。

月海

下弦月

亏月

来自太阳的光线

月相的循

新月

环形山是陨星留下的碗状疤痕。

娥眉月

岩石外壳有 60 千米到 100 千米厚。

月海

在月球表面还存在大片低洼的地区，这些地区曾经被伽利略当做是海洋，因此称为月海。著名的月海有默海和风暴洋等。

月球的正面

因为月球特殊的运动，使月球一直用同一面对着地球，因此在地球上我们只能看到月球的正面，看不见它的背面。

不同的月相

月亮的形状在我们看来会呈现不同的情况，有时是细眉月，有时是圆形的，这是因为地球挡住了照射向月球的光线，于是月亮的一部分看不见了，月亮的形状也就发生了改变。

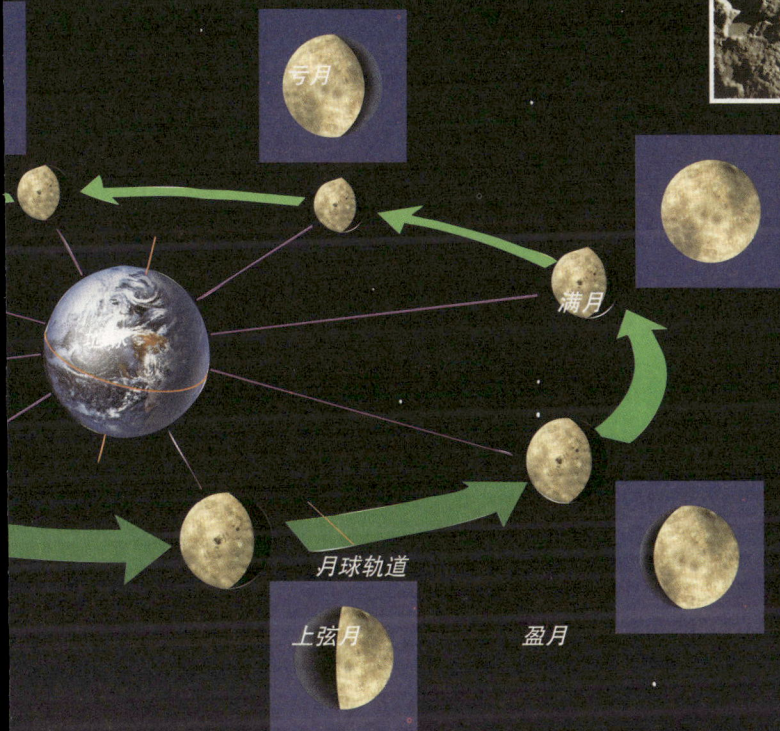

亏月

满月

地球

月球轨道

上弦月

盈月

月球表面的岩石

月球的表面覆盖着一层碎石，厚度约为 20 米，这些岩石都是火成岩，绝大部分是玄武岩，一小部分是由于陨星撞击月球的力量和热量形成的角砾岩。

月球表面的环形山

月球表面有许多环形山，这些环形山大多是陨石撞击留下的，因为月球上没有大气，所以这些陨石坑被保存了下来，成为我们今天看到的环形山。

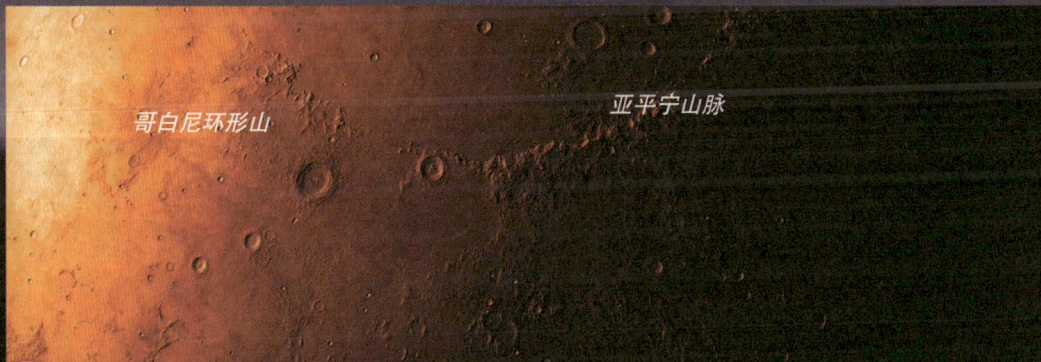

哥白尼环形山

亚平宁山脉

日食和月食

日环食

日食是月球运动到太阳与地球之间，将太阳光遮住的现象。月球完全遮住太阳时，称为日全食；将太阳部分遮住时，称为日偏食；月球离地球太远时，不能完全遮住太阳，就会出现日环食。

阻止战争的日食

公元前 585 年发生的日全食，还阻止了一场战争呢，这就是历史上有名的"日食和平条约"。当时，爱琴海东岸的两个部落正在交战，突然，明朗的天空一片黑暗。双方战士都很害怕，以为上天不喜欢他们互相交战，于是，双方立即签订了永久的和平条约。

日食

日食的影响

在日食之前或者之后的几秒钟内，消失或者隐现出的太阳在月亮盘面周围的大山之间发出光芒。有时候，会出现一块很亮的光点，看起来就像一枚钻石；有时候可以看到一段弧形的亮点，就像是一串珍珠。

36

月食

　　在太阳光下每个物体都会产生影子，地球也不例外。有时候当月亮是满月时，它会被地球的影子遮住，但过一会儿又从另一边出来，这种现象我们就称为月食。

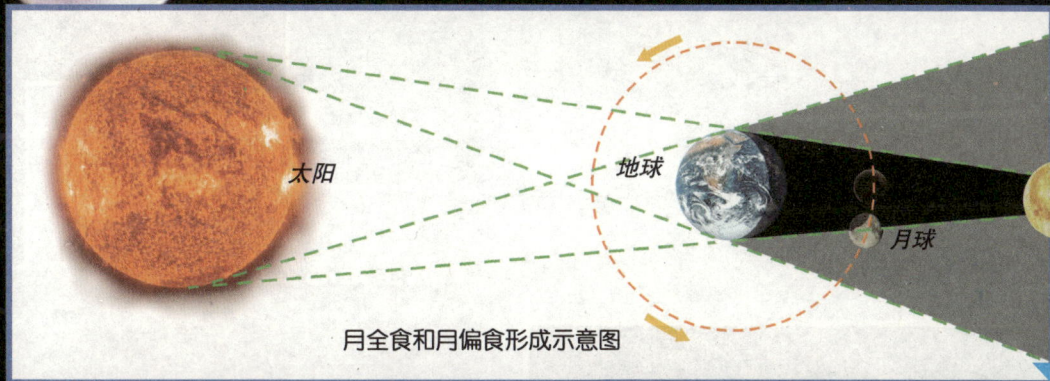

太阳　　　　地球　　　　月球

月全食和月偏食形成示意图

月食的奥秘

　　当月球转到地球的背面时，因为没有太阳光的照射，看上去会很暗，这就是月食现象。当月球完全躲进地球背后时，称为月全食；只有一部分身体躲进地球背后时，称为月偏食。

天狗吃月亮

　　你知道吗？在古时候，每当发生月食时，人们以为是天狗把月亮给吞了，所以人们就敲锣击鼓、燃放爆竹来赶跑天狗，让它把月亮给吐出来。直到现在还有很多地方保留着这样的传统呢。

2004 年 10 月 27 日的月全食

流星和流星雨

我们所见到的流星是游荡在宇宙空间的小不点——流星体造成的，它们小的好比芥末，大的就像绿豆。流星体跑到地球附近，闯进大气层，就会与大气发生剧烈的摩擦，形成流星。当地球遇到流星群时，就会发生流星雨。

38

爆发流星雨

流星是怎么出现的

人们把在太空中游荡的石块称体，它在运行过程中接近地球时，引力吸引，经过大气层时，与空气生热，同时发出白光，就产生了流星

火流星

火流星

有的流星体很大，在高空中没有烧完，于是就到达低空，这样人们就会看见一团火球划过天空，这就是火流星，即使在白天，火流星也能被人看见。

突然降临

　　有时，我们会在夜晚的天空偶尔发现一个闪着光芒的流星，这种总是单个出现的流星称为单个流星或偶发流星。单个流星总是喜欢突然降临，它们出现的时间和规律都不被人所知。

有的火流星甚至在白天也看得见。

微不足道的增加

　　据估计，从地球诞生到现在，降落到地球上的流星体总重达到了 33 亿吨，但是这些只相当于地球总质量的 1/20 000，这相当于使一个有 70 千克重的人增加 3.5 克一样，微不足道。

狮子座流星雨

　　狮子座流星雨是历史上最罕见最壮观的周期流星雨之一，这些流星是一颗彗星带来的。当流星雨发生的时候，暗淡的星空中不断地有明亮的流星划过，留下一道道美丽的轨迹。

狮子座流星雨

陨 石

我们对石头并不陌生，因为大大小小的石头在地球上并不少见，但是你相信天上会掉石头吗？这些石头就被称为陨石，在现代科学的帮助下，我们可以知道许多陨石的奥秘呢。

石质陨石和铁质陨石

有一些陨石的主要成分是石头，因此这些陨石也被称为石质陨石，这一类陨石是最常见的。在人类搜集的陨石当中，也有许多陨石的主要成分是铁和镍，这样的陨石就被称为铁质陨石，远古人类就是利用铁质陨石里的铁来打造工具的。

天上掉馅饼是不可能的事情，但是陨石却是地地道道地从天而降的东西，由于它的特殊来历，使得它和黄金一样值钱。

陨石雨

有时候，一颗火流星快要落到地面的时候会轰然爆炸，随后就向大地撒下许多陨石，这样的景象就是陨石雨。

40

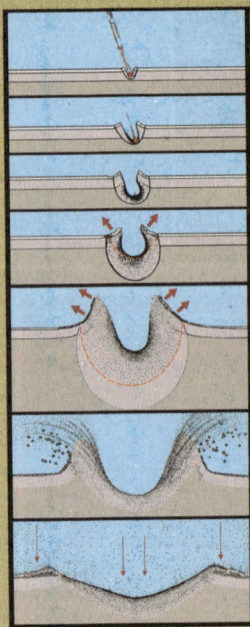

陨石形成过程

陨星在空中滑落时与大气产生摩擦，因此它的表面有许多坑坑洼洼的痕迹。

世界上最大的陨石

1976 年，我国吉林省吉林市降落了一场大陨石雨，共收集到 100 多块陨石标本，其中，"吉林" 1 号陨石就是目前世界上最大的石陨石。

"吉林"1号

"吉林" 1 号是目前世界上最大的石陨石。

火星上的铁陨石

灾难使者

一些严重的陨石事件（包括小行星、彗核和大流星体冲击地球），不仅会立刻杀死大量生物，而且会留下经久不散的烟云，使地球气候发生很大的变化。

化石里的生命信息

1984 年在南极洲发现了一块来自火星的陨石，通过研究其岩石成分，科学家发现这些陨石可能含有原始生命的微化石，这表明几十亿年前的火星气候相当温暖潮湿，可能具备产生生命的条件。

"阿波罗" 17 号的宇航员对月球上的陨星进行测量。

地球磁场

人们很早以前就知道用磁体制作的指南针可以指明方向，并把指向南方的磁极称为南极，相反的部分称为北极，现在我们知道这是地球磁场作用的结果。

地球磁场的起源

对地球磁场起源的探索，早在公元 1600 年前后就已经开始了。大家都知道，有电荷运动才会产生磁场，因此地球的磁场应该与地球内部的带电结构有关。

奇怪的分布

由于受到太阳风的影响，地球磁场的分布也十分奇怪，地球靠近太阳的一面的磁场被挤压，而背向太阳的一面的磁场被太阳风吹散，延伸了上百万千米的区域，就像地球长长的头发一样。

太阳风是从太阳日冕层向行星际空间抛射出的高温高速低密度的粒子流，因为它是一种等离子体，所以也有磁场。

地球就像一个大磁铁

磁性是在地心中产生的，地心中熔断的、旋转着的铁流产生了电磁场。随着时间的推移，由于磁极的飘游，磁场的方向也在变化。

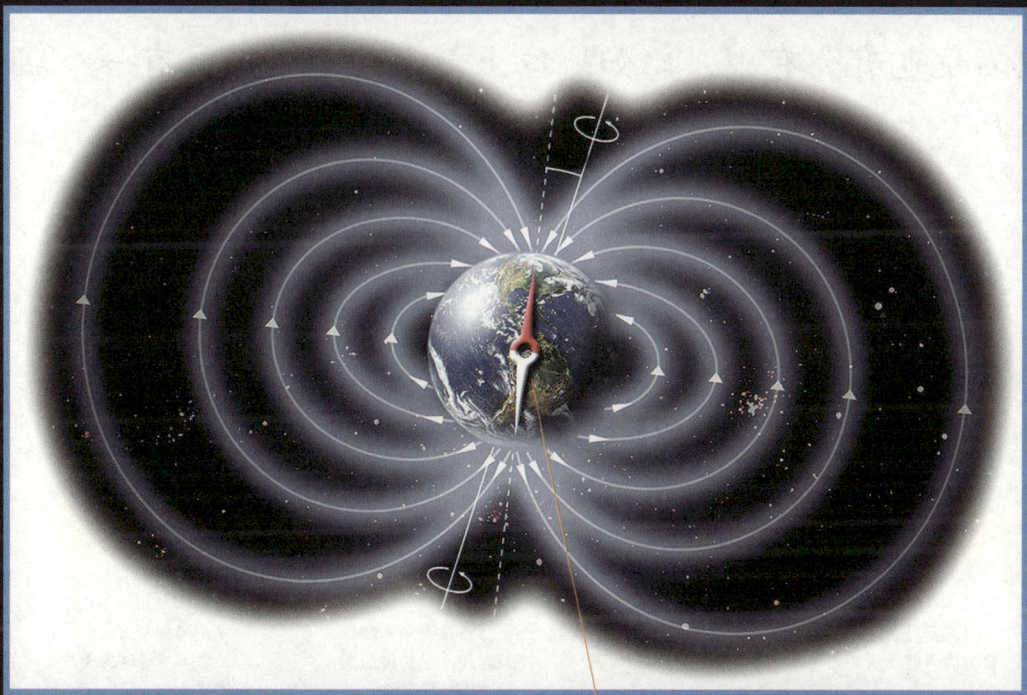

地球是一个被磁场包围的星球，它的周围存在着看不见的磁力场，这就是"地球磁场"。

你知道吗？

几万年来，蜜蜂、鸽子、鲸鱼、鲑鱼、红龟、津巴布韦鼹鼠等这些动物一直依赖于先天性的本能在地球磁场的指引下秋移春返。

磁球

地球的磁场扩展到宇宙中很远的地方，形成一个"磁泡"环绕在地球周围。这个磁性区域保护地球不受太阳风从太阳吹出的高速带电微粒的损害。

陨石坑

　　大块的陨石在以很高的速度落到地面以后，会猛烈地撞击地面，形成一个巨大的深坑，这样的坑就是陨石坑，陨石坑也有大有小，比如地球上最大的陨石坑就有一个城市那么大。

44

1.陨星在与大气层摩擦中燃烧。

2.在撞到地球的时候，陨星外层的岩石粉碎。

3.在陨星撞入地球的时候，冲击波沿地球表面传播开来。

4.由高温和高压引起的爆炸将地球的表面炸开一个洞。

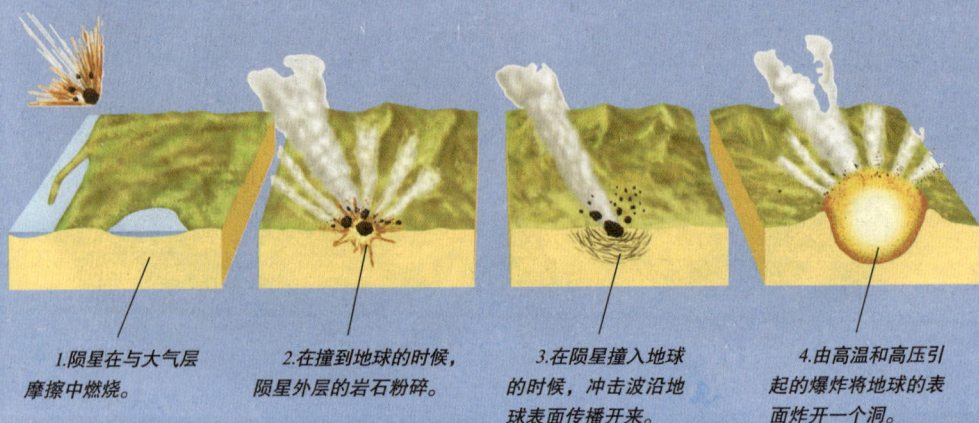

陨石坑形成示意图

爱"闯祸"的家伙

　　太阳系中的陨石是个爱"闯祸"的家伙，许多行星表面的环形山就是它砸出来的，地球表面也有许多的陨石坑，不过很多都已经看不见了。

地球上的陨石坑

　　地球的每一块大陆上都可以找到陨石坑，但在澳大利亚、欧洲和北美更多一些。并不是因为在那些地方坠落的陨石多，而是那些地区的地形没有发生太大的变化，使陨石坑得以保存下来。

"世界自然遗产"

弗里德堡陨石坑位于南非最大城市约翰内斯堡西南 100 千米的自由州省，被认为是世界上已知的最古老的陨石冲击地球遗迹，直径达 380 千米，具有很高的科研价值，所以它被列为"世界自然遗产"。

奇卡拉布陨石坑

奇卡拉布陨石坑位于现今墨西哥尤卡坦半岛的海岸线下，它的直径约为 200 千米，据科学家研究，它是在 6 500 万年前被一个像山一样大的石头撞击形成的，有些人认为正是这次撞击导致了恐龙的灭绝。

奇卡拉布陨石坑

"恶魔之坑"

在美国西部的沙漠地带，有一个世界知名的陨石坑。它的直径约为 1 240 米，深约 170 多米，周围高出约 40 米。经研究，这是 2 万年前被一颗 10 万多吨的陨石撞击后形成的，人们把它叫做"恶魔之坑"。

美国亚利桑那州的陨石坑

火 星

在我们看来，火星是一颗火红色的星球，它就像一颗燃烧的火球在天空中飘荡，因此人们把它比作是战神玛尔斯。

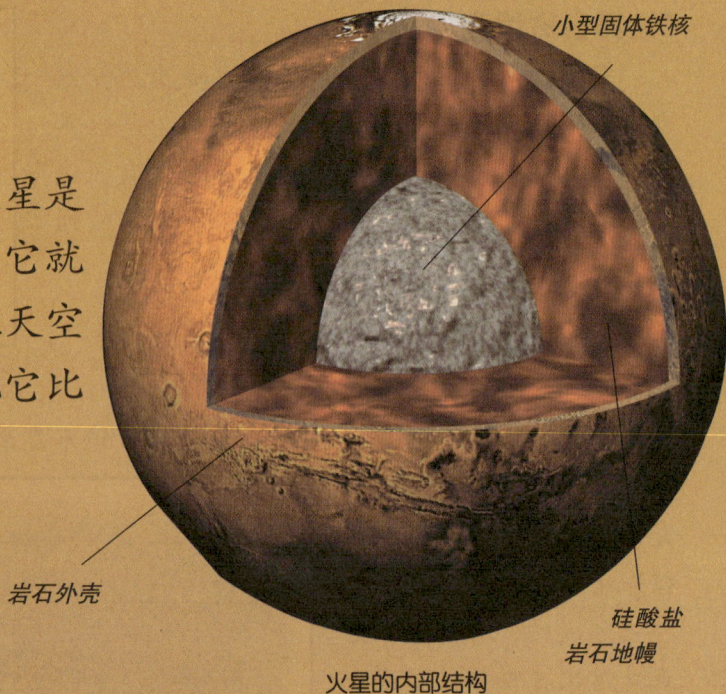

小型固体铁核

硅酸盐
岩石地幔

岩石外壳

火星的内部结构

荒凉的火星表面

火星表面充斥着荒凉，无尽的沙漠、连续不断的丘陵和洼地一直延伸向远方，表面布满乱石，这些与大峡谷、大火山及坑洞交织在一起，构成一个红色的世界。

火星上的弹坑看起来像一张快乐的笑脸。

火星上发现的奇特岩石，看起来像颗人头。

火星的大小

火星是太阳系里一颗比较小的行星，它还不到地球大小的 1/7 呢，但是火星离地球比较近，所以它也是天空中最明亮的星星之一。

46

生锈的世界

在干燥的火星表面，遍地都是红色的土壤和岩石，科学家通过对其表面物质成分的分析得知，火星土壤中含有大量氧化铁，由于长期受紫外线的照射，铁就生成了一层红色和黄色的氧化物，于是，这里成了一个生了锈的世界。

2003 年 8 月 27 日，哈勃望远镜拍摄的火星图片。

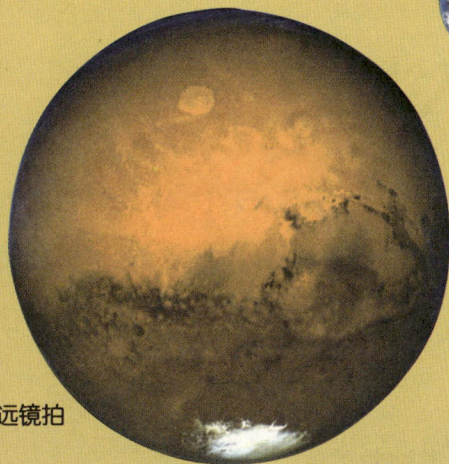

2001 年 6 月 26 日至 9 月 4 日，拍摄到的火星上的沙尘暴比较图。

猛烈的大风

火星上经常会出现大风天气，如果大风特别猛烈，那么这场大风就会在整个火星上扬起一场猛烈的沙尘暴，这场沙尘暴也许会持续几个星期呢。

火星上有生命吗？

火星上有水，这个生命存在的前提让人们对"火星上可能有生命"的猜测充满了兴趣，但通过火星探测器的多种实验结果表明：火星上没有江河湖海，土壤中也没有植物、动物或微生物的任何痕迹，更没有"火星人"等智慧生命存在。

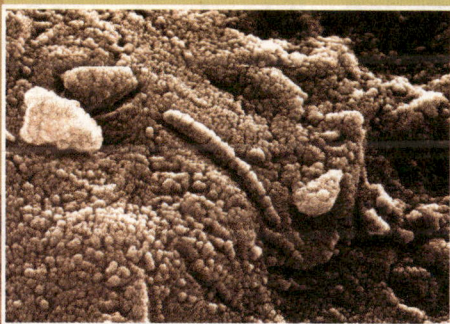

火星陨石中不寻常的管状结构，被认为是火星上曾经存在生命的证据。

火星卫星

　　火星有两个卫星，它们分别是火卫一和火卫二，虽然这两个卫星的重量加起来都没有月亮重，但是火星也由此成为拥有卫星数目最多的类地行星。

美丽的传说

　　火卫一和火卫二还有两个好听的名字分别叫：福波斯和德莫斯。他们是希腊神话中战神玛尔斯的儿子。在浩瀚的宇宙中，福波斯和德莫斯驾驶着战神的战车，在天空中驰骋，威武极了。

48

火星和它的两颗卫星。

天文学家霍耳

火星卫星的发现者

　　1877 年 8 月，发生了数十年难逢的火星大冲撞，美国天文学家霍耳在海军天文台发现了火星的两颗卫星。以前的观测未曾见到它们，是因为这两颗卫星实在是太小了。

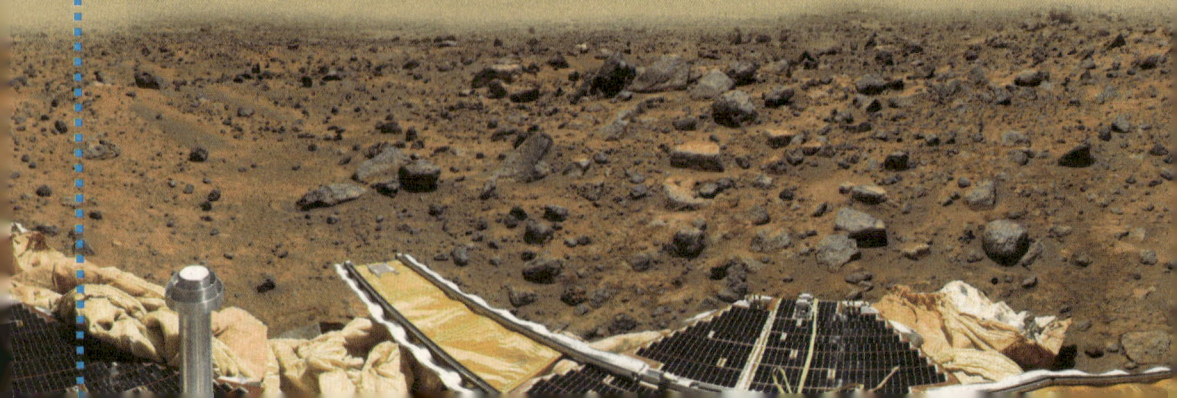

"病马铃薯"

火卫一和火卫二的表面布满了陨星坑，它们差不多就在火星的赤道平面上运行，从拍摄的卫星照片看，它们的样子活像一对悬挂在火星天空的"病马铃薯"。

火卫一

火卫一

火卫一与火星的平均距离大约是9 400千米，直径为20多千米，因为与火星离得近，它公转的速度很快，围绕火星转一圈只要7.7小时，从火星上看，它每天要西升东落两次呢。

火卫二

火卫二

火卫二是太阳系中最小的行星卫星。它的直径只有约15千米。离火星中心大约2.35万千米，有科学家推测，它可能来自小行星带，是被木星引力甩到火星附近，成为一颗围绕火星旋转的卫星。

小·行星带

在火星和木星之间，有一个由数十万颗小行星构成的带状区域，这就是著名的小行星带，太阳系里绝大部分小行星都集中在这个区域,这也引起了人们无限的遐想和猜测。

"四大金刚"

小行星，顾名思义，它们的体积都很小。最早发现的"谷神星"、"智神星"、"婚神星"和"灶神星"是小行星中最大的四颗，被称为"四大金刚"。

50

看谁会掉队

这些小行星和它们的大行星同伴一起，一面自转，一面自西向东地围绕太阳公转。尽管拥挤，却排列得整整齐齐，有时它们的大邻居木星还会靠引力把一些小行星拉出原先的轨道，迫使它们走上一条新的漫游道路呢！

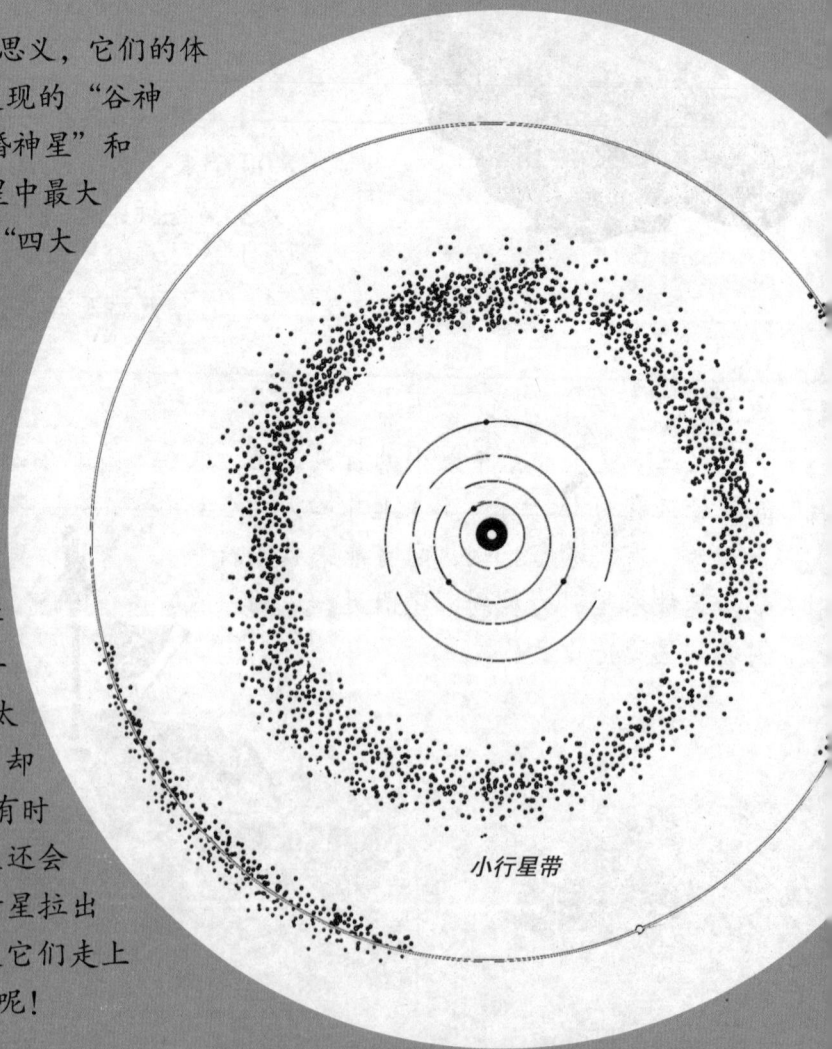

小行星带

谷神星

"四大金刚"中最大的谷神星直径约为 1 000 千米，最小的婚神星直径约为 200 千米。如果能把它们从天上"请"到地球上来，中国的青海省刚好可以让谷神星安家。

"谷神星"

遥远的邻居

宇宙探测器经过小行星带时发现，小行星带其实非常空旷，小行星与小行星之间分隔得非常遥远。

不要小看我们哦！

除去"四大金刚"外，其余的小行星就更小了，据估计，最小的小行星直径还不足 1 千米。虽然它们的体积比卫星还小得多，但是在太阳系这个家庭中，却要和八大行星论资排辈。

木　星

除了太阳以外，木星算
是太阳系中最大的天体了，
它每过大约 29 年就绕太阳
旋转一圈，它的质量甚至比
其他太阳系行星质量总和
的两倍还要重，是最重要的
太阳系行星之一。

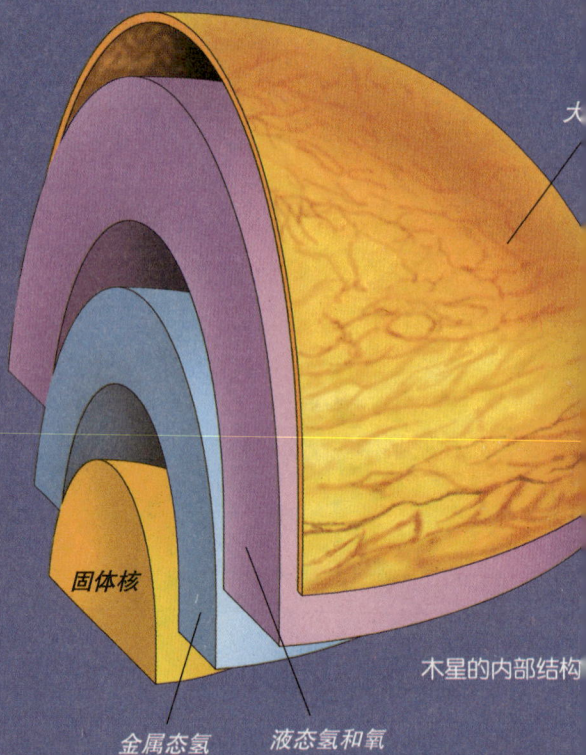

大

固体核

木星的内部结构

金属态氢　　液态氢和氧

五彩斑斓的外表

初次看到木星的人一定为它那五彩斑
斓的外表而惊叹，实际上我们看到的是它
的气体外壳，不同地区的气体的温度和成
分也不一样，因此颜色也就不一样了。

木星上的大红斑

在木星上还存在一个巨大的红斑，这可能
是规模巨大的风暴，风暴把冷空气聚集起来，
形成一个物质比较密集的区域，这个区域就把
红色的光反射出来，于是就形成了大红斑。

大红斑

木星的光环

实际上，木星也是有光环的，只不过它的光环非常的暗淡，所以很难被天文望远镜发现，人类只能依靠木星探测器来发现它的光环。

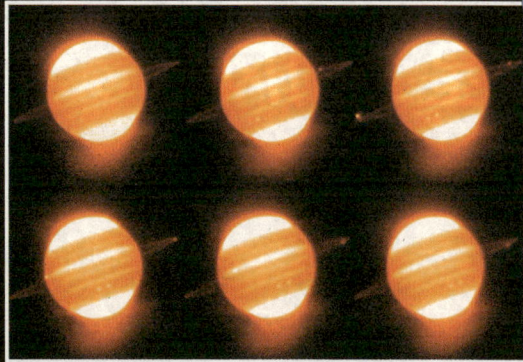

木星的环

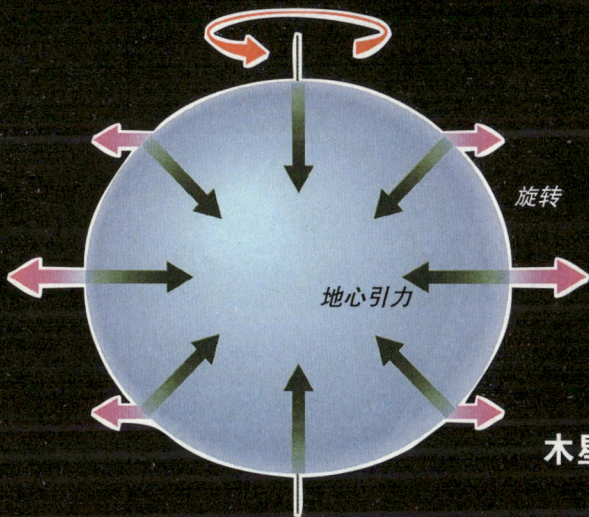

木星的自转示意图。

旋转

地心引力

一天只有 *10* 个小时

木星旋转的速度很快，在木星赤道上，只要 10 个小时就可以旋转一周，因此木星上一天只有 10 个小时。

木星上的极光

木星也具有极光现象，它是除地球以外第二个发现有极光现象的天体。它的极光可能是高速带电粒子撞击极地大气产生的。

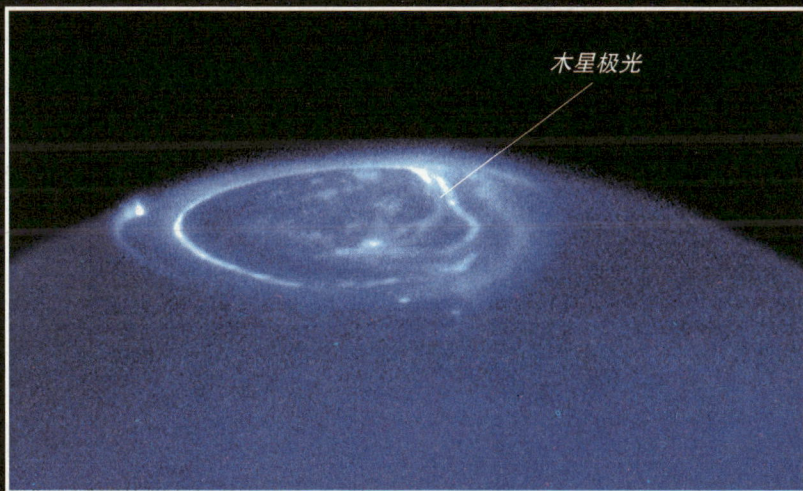

木星极光

木星上的风暴

木星上的气候变化非常剧烈,一场风暴经常会持续很长的时间,有的大风暴甚至可以刮上几十年的时间呢。

"大红斑"

木星除了色彩缤纷的条和带之外,还有一块醒目的类似大红斑的标记,从地球上看去,就成了一个红点,仿佛木星上长着的一只"眼睛"。大红斑形状有点像鸡蛋,颜色鲜艳夺目,红而略带棕色,有时却又变得鲜红鲜红的。人们给它取名为"大红斑"。

54

木星上的大气

木星大红斑
是个已存在数百年
的巨大风暴系统。

明暗交替的带纹

通过天文望远镜,我们看到木星有一些明暗交替的带纹平行于木星的赤道。这些带纹是木星快速自转而产生的大气环流。它们有上千千米厚,因而使我们看不见木星的表面。

强大的风暴漩涡

　　一团飓风足足有地球的 3 倍大小,已经在木星表面上狂吹了 300 多年。这就是木星上的大红斑,原来它是一个强大的风暴漩涡。

究竟是什么东西呢?

　　自 1665 年首次发现木星上有大红斑以来,它的形状和大小几乎没有什么改变,只是在有些年份,它呈鲜红色,几年后,又变成浅红色。再过几年,又变得非常鲜明,以后又逐渐变浅,变来变去,使人感到神秘,不知道它究竟是个什么东西。

大红斑颜色的未解之谜

　　关于大红斑颜色的成因,科学家们有不同的见解。有人提出那是因为它含有红磷之类的物质;有人认为,可能是有些物质受太阳紫外线照射,而发生了光学反应,使这些化学物质转变成一种带红棕色的物质。总之,这仍然是未解之谜。

木星的卫星

　　木星有着数量非常多的卫星，现在人类已经确认木星至少有 16 颗卫星，在这些卫星中最明亮的就是木卫一了。

"伽利略" 号探测器

木卫一

　　木卫一看起来像个大球，它的密度和大小有些类似月球，整个表面光滑而干燥，上面有平原、山脉、大峡谷和许多火山盆地。它的颜色是鲜红色，很可能是太阳系中最红的天体。

伽利略卫星

　　木星 16 颗卫星中最亮的 4 颗是由伽利略第一次用望远镜分辨出来的，因此而称为 "伽利略卫星"。它们环绕在离木星 40 万～ 190 万千米的轨道带上，由内而外依次是伊奥、欧罗巴、嘉里美和卡利斯托，也就是俗称的木卫一、木卫二、木卫三、木卫四。

木卫二

木卫二的体积比月球小，但密度和月球差不多。它的表面被大量的冰层覆盖着，冰面上布满了许多纵横交错、密密麻麻的明暗条纹，科学家们推测这可能是冰层的裂缝。

木卫一

木卫二

大浮冰　　水　　无数股细小的热水流将冰片的边缘融化。

热能从核中向上发散通过上升热气流出口(海下火山口)，使水变热。

木卫二外壳的横断面

木卫三

木卫四

木卫三

木卫三的个头在卫星中最大，它的体积比水星还大，表面呈黄色，可分为盖满冰层的明亮区和冰上堆积着岩质灰尘的黑暗区，并有几处横向错开的断层、线状地形、互相平行的山脊与深沟。

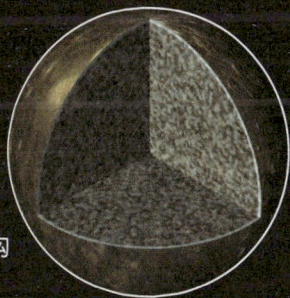

木卫四的内部结构

木卫四

木卫四最明显的特征是一个像牛眼似的白色核心，外面被一层圆环包围着，类似同心圆盆地，直径达 600 千米～ 1 500 千米。

土　星

土星是离太阳第六远的一颗美丽的行星，它那橘色的表面，漂浮着明暗相间的彩云，配以赤道面上那发出柔和光辉的光环，远远望去真像个戴着一顶大沿遮阳帽的女郎，凡是用望远镜看过土星的人，无不惊叹不已。

58

比水还轻的行星

别看土星的个头很大，实际上它的密度比水还要小，如果能把土星放在一个巨大的海洋里，土星就会漂浮在水面上，不会沉到海底去。

庞大的体积

土星也是一个巨大的气体行星，它的半径只比木星小一点，是太阳系里第二大行星。土星的外表也是由液态的氢和氦构成的，它的大气层中也充满了氢气和氦气。

因为密度小，所以假如将土星放入水中的话，它会浮在水面上。

土星极光

　　土星上也有极光,不过土星的极光不仅范围大,而且持续时间也很长,在地球上,极光只能存在几分钟,而在土星上,极光可以存在好几个月呢。

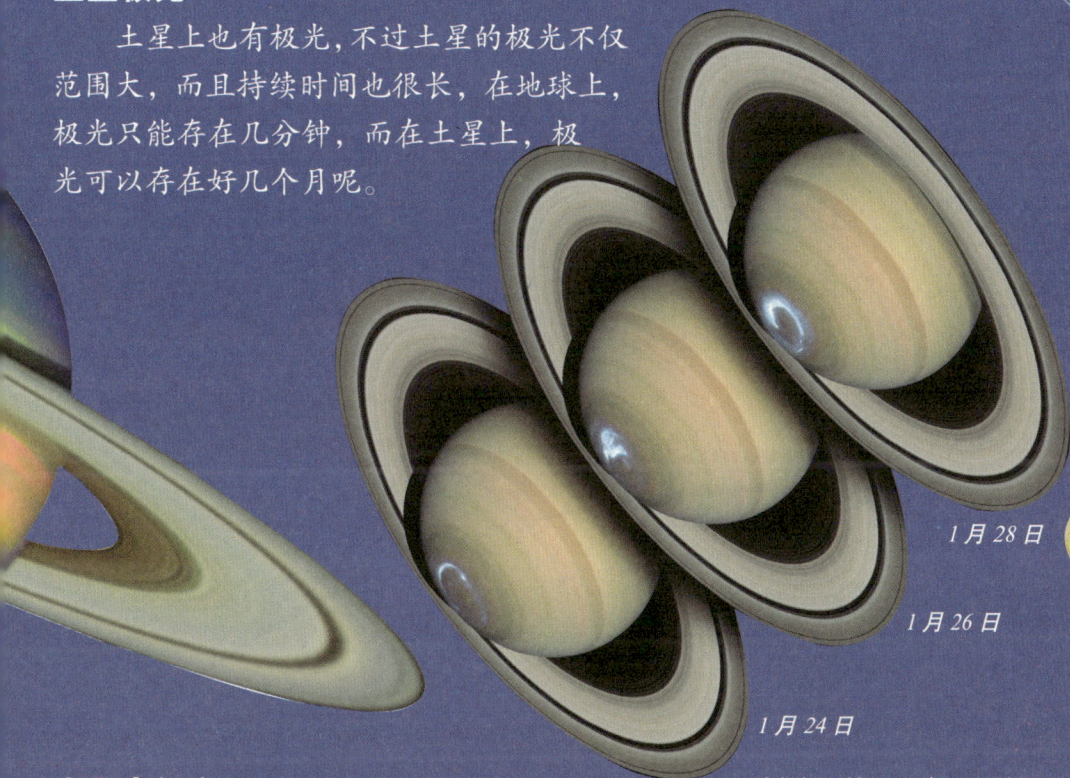

1月28日

1月26日

1月24日

哈勃望远镜 2004 年 1 月拍摄的土星极光。

土星大红斑

　　通过探测器的观察,发现土星也有一个和木星一样的大红斑,不过要比木星的小许多。它可能是由于土星大气中上升气流重新落入云层时引起扰动和旋转而形成的。土星上像这样的风暴是很难停止下来的。

土星上空的大气层(经过彩色处理后的土星照片上最大的漩涡直径约有 3 000 千米,是一个反时针旋转的高压中心;黄色云带是速度达 400 米/秒的喷射气流)。

土星的磁场

　　土星也具有磁场,其强度是木星磁场的几十分之一,但是其强度却比地球磁场大得多。土星磁场的形状就像一头鲸鱼,头部圆钝,尾巴粗壮。

土星光环

土星的外面围绕着美丽的光环，在光环区域里存在着许多大冰块，这些冰块会把照射过来的阳光反射出去，这样就形成了土星的光环，不过有时候土星的光环会躲起来。

E环
A环
B环
C环
D环

卡西尼环缝

60

令人关注的光环

自从伽利略发现土星的光环开始，它就成为天文学家们关注的目标。现在，从地面上可以观测到土星的 5 个光环，其中包括 A、B、C 三个明显的主环和 D、E 两个不太明显的暗环。

"大耳朵"

土星的光环看起来就像一对"大耳朵"，不过我们平常用肉眼是无法看到的，只有用望远镜才能一睹它的风采。

最亮的星环

在木星、土星、天王星和海王星这 4 颗有环的行星中，土星的星环无疑是最亮的，即使用最小的望远镜你也能感受到它的耀眼夺目。

"卡西尼"号探测器在土星环附近。

由什么组成

土星光环看起来好像是固体，事实上，它们是由厚厚的冰块和岩石组成的，这些冰块和岩石小的好像斑斑点点的灰尘，大的是比一个屋子还大的冰山，它们像一群小卫星一样在与土星赤道平行的轨道上绕行。

环的大小

土星光环延伸的范围比其他行星都要大得多。稀薄的 E 环最远处能达到 48 万千米呢，这比月球离地球还远。可是，不管它延伸多远，土星环各处的平均厚度只有 10 米左右，和它们的直径相比，土星环的厚度只和一张纸差不多。

土星卫星

土星是太阳系中卫星数目最多的行星，目前人类确定的土星卫星有 23 个，这些土星之子们围绕着土星不断地旋转，如果你能待在土星上，在晚上就可以看到很多"月亮"。

土卫六

土卫六也叫提坦星，它非常的特殊，因为它是太阳系里唯一一个拥有浓密大气层的卫星，而且它也是太阳系里最大的行星卫星。

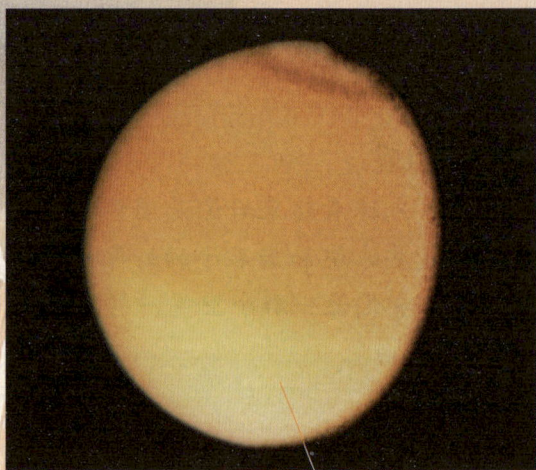

土卫六也叫提坦星，它的大气并不是地球上的空气，而是氮气。

土卫四

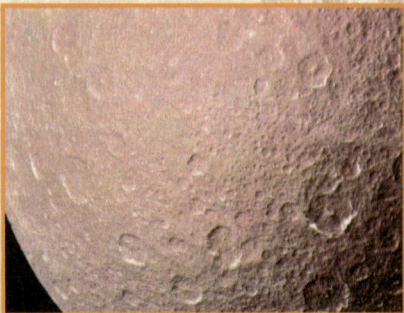

土卫五

土卫四和土卫五

土卫四是土星的第四大卫星，它有一个复杂的表面。上面有许多大大小小的环形山，许多从外壳裂缝中渗漏出的白冰给土卫四的表面添加了许多纹理。土卫五稍大一点，它和土卫四看起来有一些相似。

三星一轨道

在土星众多的卫星中有一个奇怪的现象，虽然土星外的空间足够大，但是土卫三、土卫十六和土卫十七这三颗卫星却偏偏挤在一个轨道上，形成罕见的三星同居一个轨道的奇观，一些科学家推测这三颗卫星本来是一颗大卫星，但是后来被土星撕碎了，于是就处于同一个轨道上了。

土星与它的卫星，前面最大的是土卫三。

土卫十和土卫十一

土卫十和土卫十一是在离土星光环不远处运行的小行星。每隔四年左右，当内部的卫星追上外部的卫星的时候，它们两个就互换轨道，一个离土星较近，一个离土星较远。

土卫八

土卫八直径约为 1 436 千米，大约是月球的 1/3，它的一个半球黑暗无光，另一个半球却非常明亮。目前的看法是这两个半球面上覆盖着不同的物质，导致土卫八成为一个有着截然不同的两面的卫星。

艺术家笔下从土卫八上看土星的景象图。

行星冲日

冲日是指某一外行星（火星、木星、土星、天王星、海王星）在绕日公转过程中运行到与地球、太阳成一直线的状态，而地球恰好位于太阳和外行星之间的一种天文现象叫"冲"。"冲"时相应的日期是"冲日"。

一定要知道

地外行星才会出现冲日现象，地内行星是绝对不可能发生冲日的。所以我们可以从行星在空中的位置判断它是属于地外或地内。

64

地球

地内行星和地外行星

天文学家们把太阳系内的八大行星分为两大类：以地球为基点，一类为地内行星，一类为地外行星。顾名思义，地内行星就是运行轨道在地球以内的行星，包括水星和金星。地外行星是轨道在地球以外的行星，包括火星、木星、土星、天王星和海王星。

观测木星

木星冲日时，地球上的人肉眼便可以在晴朗的夜空中看到木星，如果通过天文望远镜观测木星，还可以清晰地看到木星的大气条纹和它的 4 颗伽利略卫星呢。

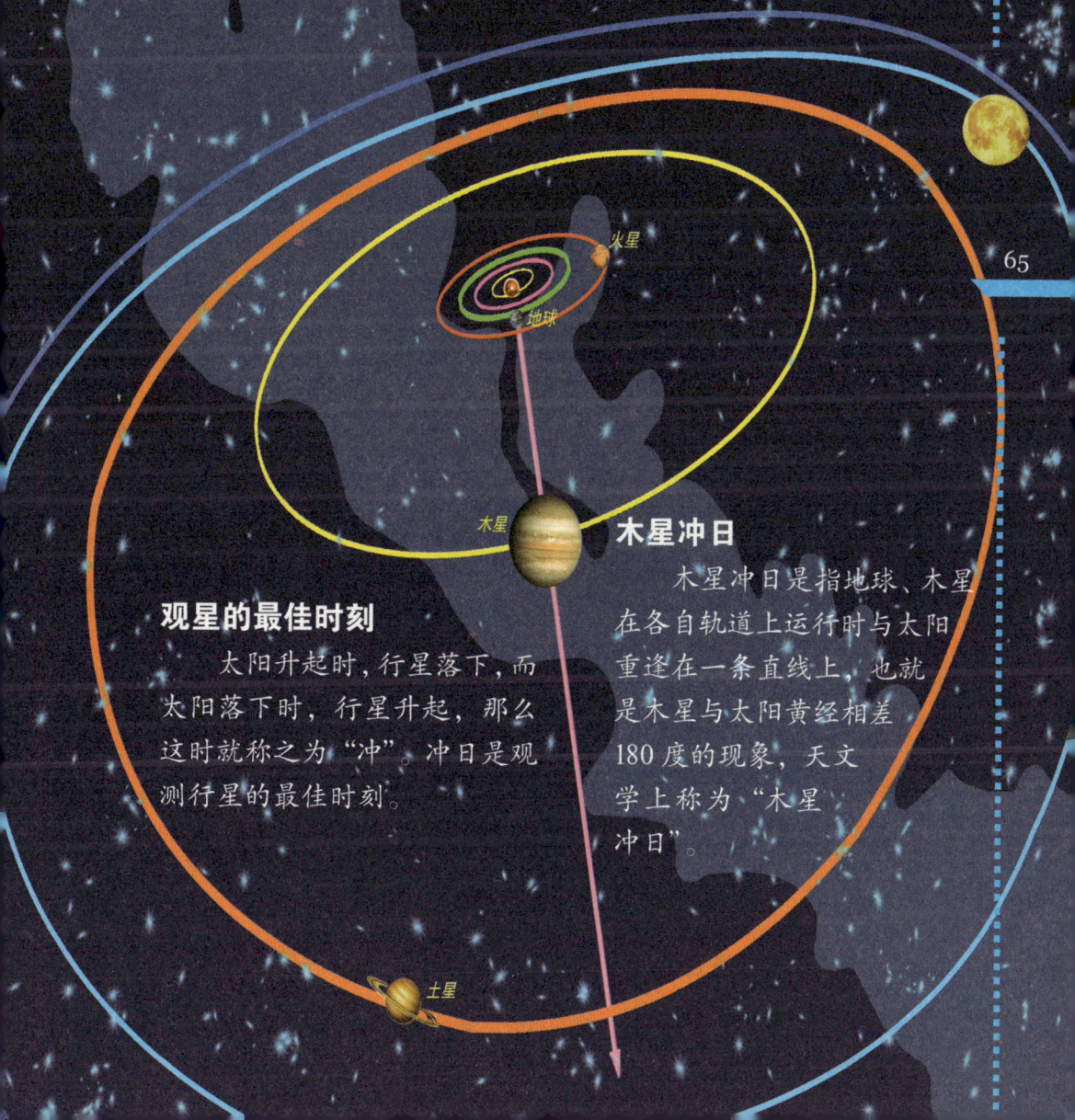

火星

地球

木星

土星

木星冲日

木星冲日是指地球、木星在各自轨道上运行时与太阳重逢在一条直线上，也就是木星与太阳黄经相差 180 度的现象，天文学上称为"木星冲日"。

观星的最佳时刻

太阳升起时，行星落下，而太阳落下时，行星升起，那么这时就称之为"冲"。冲日是观测行星的最佳时刻。

天王星

天王星是太阳系中离太阳第七远的行星，在西方，它被命名为希腊神话中统治整个宇宙的天神——乌拉诺。从直径来看，它是太阳系中第三大行星，天王星的体积虽然大，但是质量并没有多少，甚至还不及海王星。

天王星的公转
周期相当长。

天王星的表
面非常寒冷。

躺着运行的行星

天王星自转方式非常奇特，就像一个耍赖的小孩，躺在地上打滚似的。天王星横躺在轨道上一边打着滚，一边绕太阳转圈。有人因此将它称为"一个颠倒的行星世界"。

蓝绿色的星球

天王星的大气中除了有氢气和氦气以外，还含有甲烷，这些甲烷把红光吸收了，而蓝光和绿光被反射了出去，于是整个天王星看起来就是蓝绿色的了。

66

冰冻的表面

天王星的表面非常寒冷，在这里即使是氢气也冻成了冰，更不用说其他气体了。天王星表面充满了冰块和岩石，在天王星周围也存在着一个由冰和石块组成的圆环，这也是天王星的光环。

天王星的大气层中 83%是氢，15%是氦，2%是甲烷及少量乙炔和碳氢化合物。

奇特的昼夜交替和四季变化

天王星的绕日周期为 84 年，太阳轮流照射着它的南北极和赤道，所以，天王星上的每一个白昼或是黑夜都要持续 42 年才能变换一次。太阳照射到哪一极时，哪一极就是夏季和白天，而背对着太阳的那一极，就会处在漫长黑夜所笼罩的寒冷冬季之中。

奇怪的轨道

天王星的轨道十分奇特，和科学家计算的不一样，一些科学家依次计算出天王星外还存在另外一个质量很大的行星，正是这个行星的吸引，使天王星走了弯路。

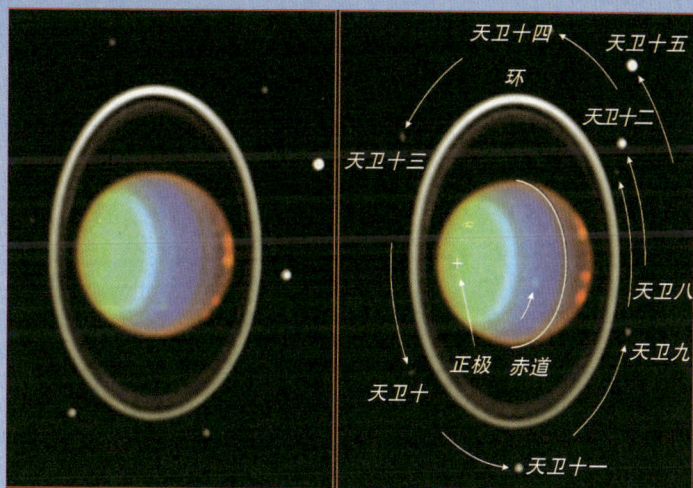

天卫十四　天卫十五
环
天卫十三　　天卫十二
　　　　　　天卫八
正极　赤道　天卫九
天卫十
天卫十一

天王星的光环

并不只是土星才有美丽的光环，天王星也有，过去人们认为它的光环是 9 条细环，但探测器的探测结果表明它的光环远不止 9 条，而且不同的环有不同的颜色，给这颗遥远的行星增添了新的光彩。

13 条光环

2003 年，天文学家利用"哈勃"太空望远镜发现天王星周围两条新的光环，这两条半透明光环位于已知光环的外边，但是没有超出天王星卫星轨道范围。这样一来，天王星的总光环数增加到 13 条。

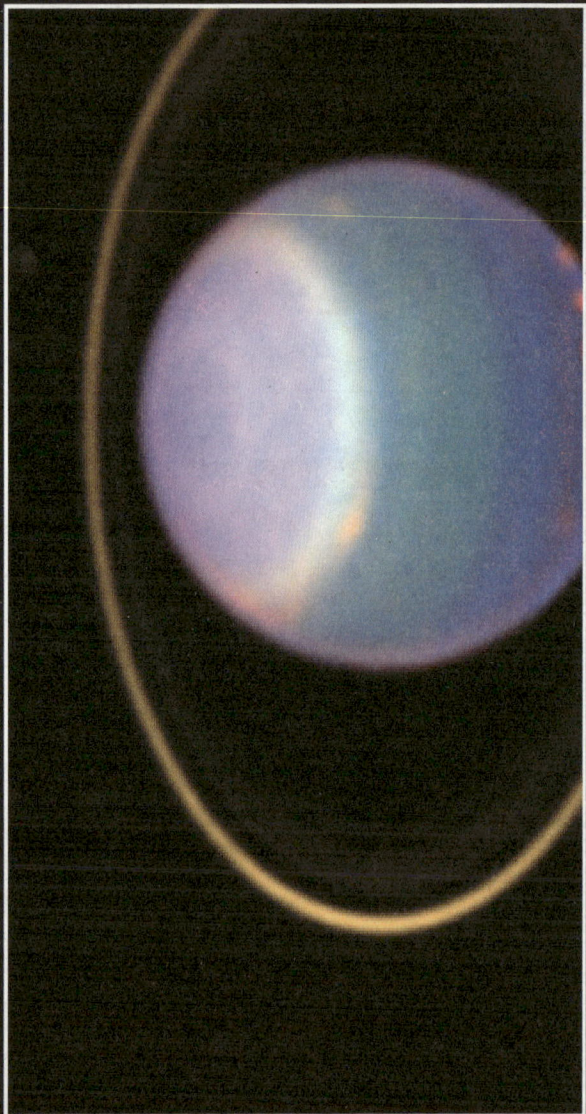

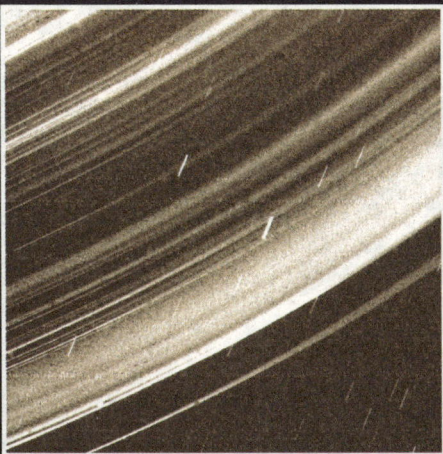

"旅行者" 2 号拍摄到的天王星光环。

1986 年 1 月 24 日"旅行者"2 号探测器以每小时 7.2 万千米的速度飞掠天王星时,又发现了天王星的第 11 个环,纠正了 9 个环的认识。

更多的环

现在,天王星已知的环有 13 个,它们与星体的赤道平行。因为天王星是侧面向下的,所以环和赤道看起来基本是竖直的。

难以观测到的光环

天王星光环中的物质主要是那些漂浮在轨道上的石块和灰尘,这些光环的反射率很低,因此天王星的光环十分暗淡,我们平时很难观测到。

69

光环的构成

天文学家们认为,行星的光环一般情况下由冷冻气体和尘埃共同构成,其色彩由构成行星光环的物质微粒的大小决定。不同颜色的光环代表不同高度的云层。天王星绿色和蓝色的地方就是比较清晰的大气层。

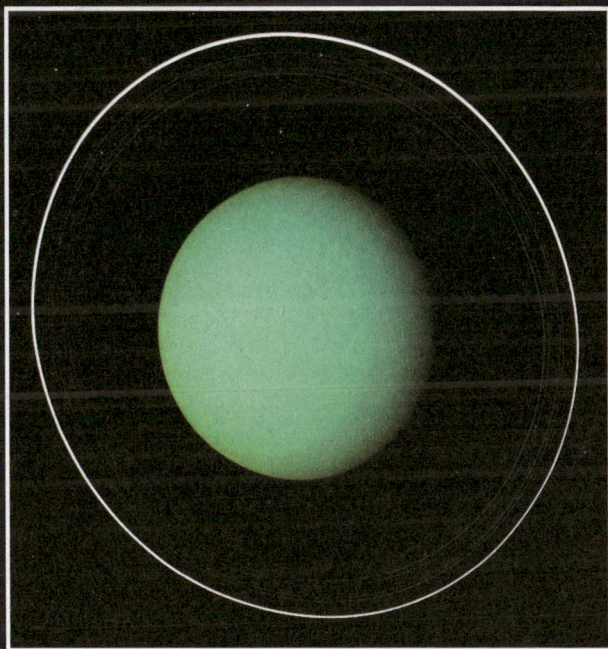

天王星的卫星

在 1985 年之前，人们只知道天王星有 5 颗卫星，它们几乎都在接近天王星的赤道面上绕天王星转动，随着人们的观测，截止到 1999 年，天王星的卫星总数已达到了 20 颗。

因为天王星的自转轴倾斜为 98°角，以前的 5 颗天王卫星都成了逆行卫星。

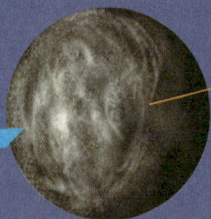

天卫一

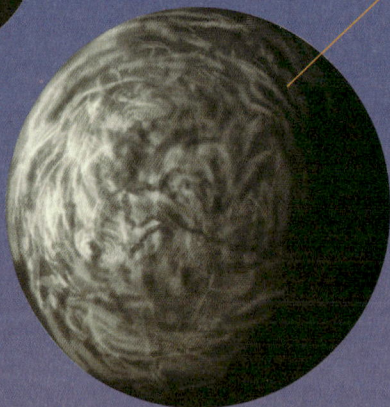

天卫二

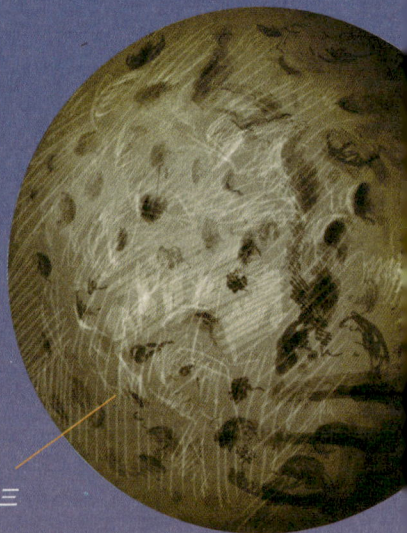

天卫三

天卫一和天卫二

这两颗行星大小差不多，但是外观看起来差得很远。天卫一是所有主要卫星中最亮的一颗，而天卫二是最暗的一颗。天卫一以它表面因外壳裂缝造成的山谷沟壑而著名。

与太阳系中的其他天体不同，天王星的卫星并不是以古代神话中的人物命名的，而是用莎士比亚和罗马教皇的作品中人物的名字命名的。

分成两组

天王星的卫星自然分成两组，由"旅行者"2号发现的5颗主要的大卫星和靠近天王星的若干颗小卫星组成。它们都有一个围绕着天王星的圆形轨道。

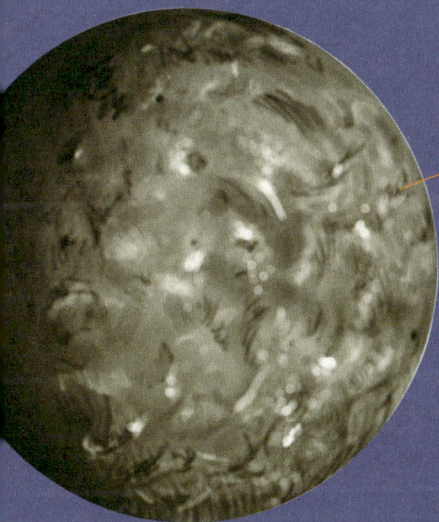

天卫四

天卫五

天卫五

天卫五是5颗主要卫星中最小的一颗，它的表面很乱，有一个明亮的对号形图案和许多凹槽。科学家们推测，天卫五曾经经历过一次先分裂后合并的过程。

天卫四

天卫四是五个大卫星中最靠外围的一个。在它的上面布满了大大小小的陨石坑，陨石坑底有许多暗区，可能已经填满冰岩。

海王星

海王星是科学家经过计算发现的。英国科学家亚当斯和法国科学家勒威耶相继计算出了海王星的轨道，柏林天文台的天文学家根据勒威耶的计算找到了海王星。因此它被称为"笔尖上的行星"，这颗行星的发现也是对人类智慧最好的证明。

72

更深的蓝色行星

海王星的大气中也含有大量甲烷，这些甲烷把蓝色光都反射了出来，使海王星看起来是一个蓝色行星，它的颜色比天王星还深一些。

海王星的发现者之一——英国的约翰·亚当斯。

海王星的名称来自罗马神话中统治大海的海神——涅普顿，他掌管着1/3的宇宙，神通广大。

孪生兄弟

海王星虽然没有天王星大，但是质量却比天王星略大一些。海王星和天王星的主要大气成分都是氢和氦，内部结构也极为相近，它们就像是一对孪生兄弟。

海王星的光环

目前天文学家确认海王星有 5 条光环，里面的 3 条比较模糊，可能是由卫星的残片构成的，外面的 2 条比较明亮，比里面的环更完整，最外面的环只有几段弧特别亮，仔细观察后发现，原来环中嵌有七八团冰块，其他的则是很小的冰晶和碎石。

目前天文学家确认海王星有 5 条光环，里面的 3 条比较模糊，外面的 2 条比较明亮，比里面的环更完整。

统治大海的海神

按距太阳的平均距离由近及远排列，海王星排行第八。人们根据传统的命名法，称其为涅普顿，那是罗马神话中统治大海的海神。因为它太远了，所以我们平时是看不到的，人们只有借助天文望远镜才能看到它。

遥远而寒冷的星球

海王星绕太阳运转的轨道半径约为 45 亿千米，公转一周需要 165 年。由于它距离太阳太远了，照射到它那儿的阳光十分微弱，所以，海王星表面温度极低，不高于零下 200℃。你能想象出在上面有多冷吗？

海王星上的风暴和卫星

海王星上的风暴恐怕是太阳系所有行星中最猛烈的了，因为一些未知的原因，海王星上经常刮起大风，形成极强的风暴，狂风的速度达到了每小时 1 000 千米，这样的风暴可以一下子就把一辆卡车吹得无影无踪呢。

74

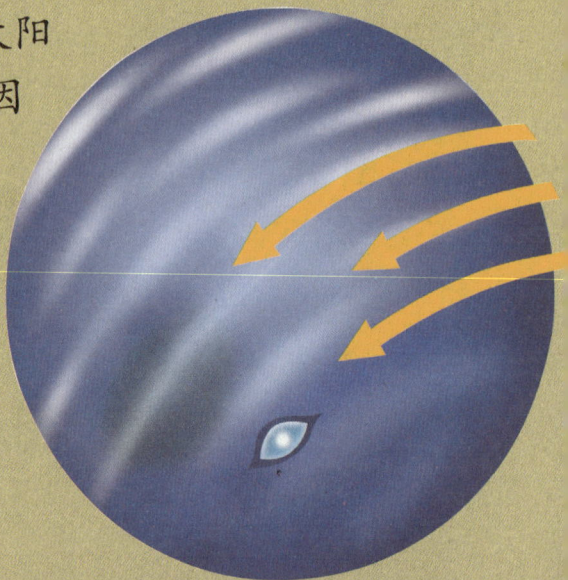

海王星是太阳系中风力最强的一个行星。

"旅行者" 2 号拍摄的海王星上的大黑斑。

荒凉、恐怖的世界

海王星上的风暴最高时速高达 2 000 千米，风暴发作的时候，狂风席卷着白云，在冰层覆盖的海王星上空疾速奔驰，让这个温度处在零下 210℃ 的星球更加荒凉、恐怖。

醒目的大黑斑

"旅行者" 2 号发回的照片显示，在海王星的南半球有一个醒目的大黑斑，它的面积大约是木星大红斑的一半，可能也是一个大型气旋。

海王星的卫星

现在人类发现海王星有 8 颗卫星，其中大部分是探测过海王星的"旅行者"2 号探测器发现的。人类发现的第一颗海王星卫星就是海卫一，它是威廉·拉塞尔在海王星被发现 17 天后发现的。

耀眼的白色世界

从探测器观察的情况看，海卫一是一个耀眼的白色世界，南半球的大部被冻结的氮构成的极冠所覆盖。海卫一表面温度大约只有零下 310℃，科学家推测它是由岩石和冰混合而成的天体。

冰山的喷发

在海卫一上探测器发现了一座正在喷发的冰山，喷出的是白色的冰雪团块和黄色的冰氮颗粒。由于海卫一重力不大，这种喷发物形成高达 32 千米的喷柱，大约是珠穆朗玛峰高度的 4 倍。

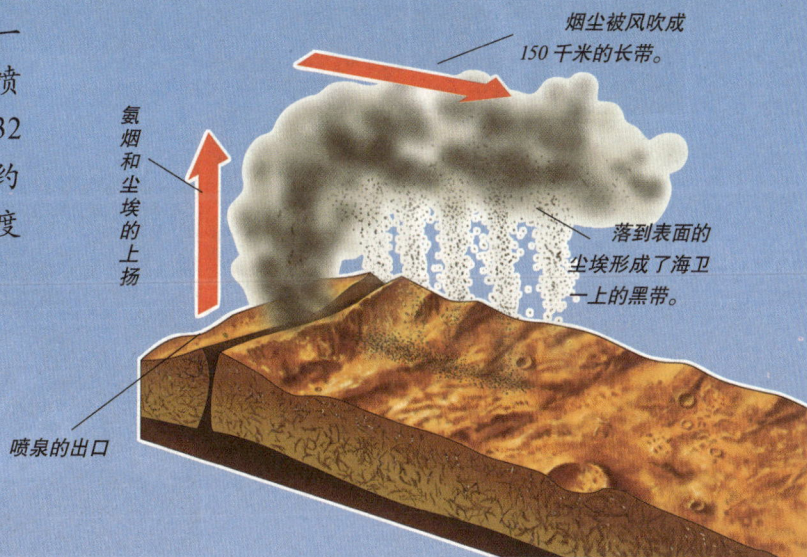

烟尘被风吹成 150 千米的长带。

氮烟和尘埃的上扬

落到表面的尘埃形成了海卫一上的黑带。

喷泉的出口

柯伊伯带

柯依伯带是海王星轨道以外的一个环状区域，在这里有许多彗星，它们围绕太阳旋转一圈所用的时间比较短，是太阳系里短周期彗星的来源地。

太阳系的尽头是什么样子

在距离太阳非常遥远的位置，过去一直被人们认为是一片空虚，也就是太阳系的尽头所在。但事实上这里布满着许多大大小小各不相同的冰封物体，热闹无比，这就是柯伊伯带。

吉纳德·柯伊伯

名字的由来

50多年前，一位名叫吉纳德·柯伊伯的科学家首先提出在海王星轨道外存在一个小行星带，其中的星体被称为 KBO，以后，天文学界就以吉纳德·柯伊伯的名字命名这个小行星带。

柯伊伯带天体

柯伊伯带天体，是太阳系形成时遗留下来的一些团块。在 45 亿年前，有许多这样的团块在更接近太阳的地方绕着太阳转动，它们互相碰撞，有的就结合在一起，形成地球和其他类地行星，以及气体巨行星的固体核。

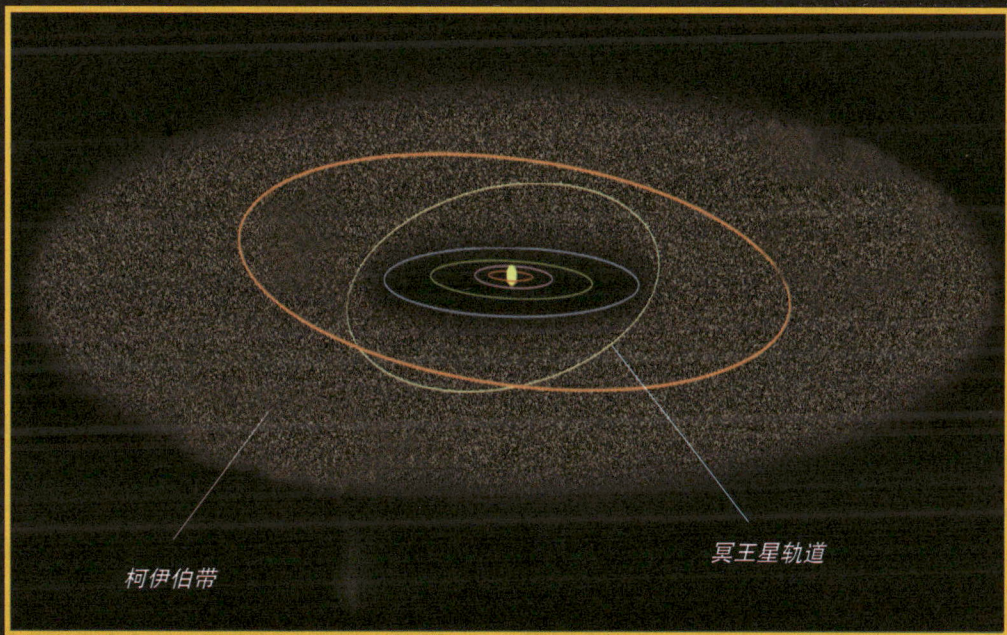

柯伊伯带

冥王星轨道

令人着迷的柯伊伯带

由于柯伊伯带很遥远，科学家只能粗略地估算天体的大小，根本无法了解其表面特征。柯伊伯带到底有多少天体？这些天体处于什么状态？是彗星还是小行星？最大的天体有多大？柯伊伯带的边界在哪儿？这些问题都等待着人们去解答。

矮行星

矮行星是一个新出现的概念，用来指代那些太阳系中和大行星不一样，但又不是小行星的行星。现在的矮行星包括谷神星、冥王星、卡绒星和齐娜星。

矮行星的轨道

矮行星也是绕着太阳旋转的，相对于大行星，它们的轨道的离心率更大，看起来更像一个椭圆。有时候，矮行星还常常受到自己附近的大行星的吸引，因而偏离正常的轨道。

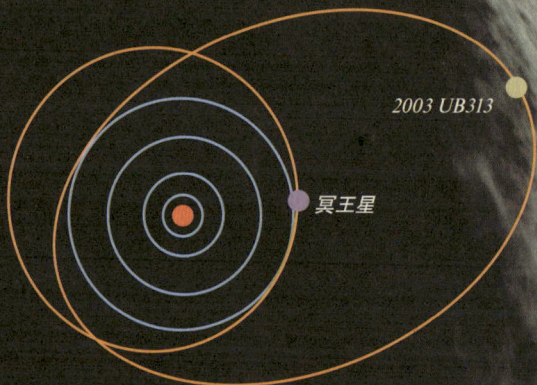

2003 UB313

冥王星

78

矮行星的大小

和大行星比起来，矮行星的确比较小，它们甚至还没有大行星的卫星大。在4个矮行星里，最小的是谷神星，它的半径还不到 1 000 千米呢。

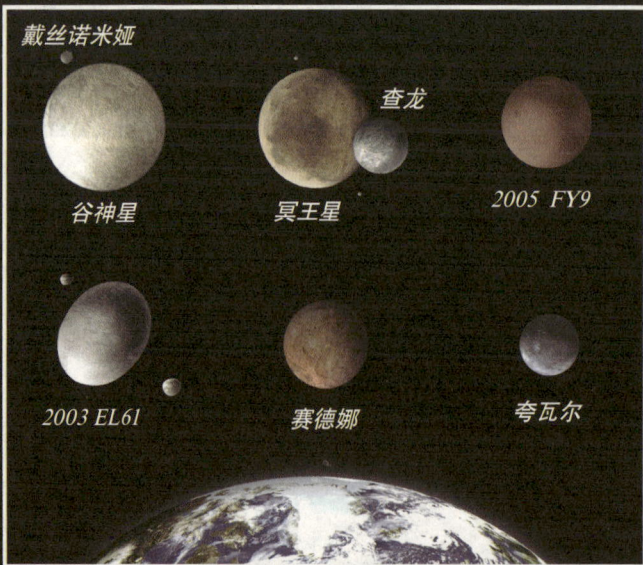

戴丝诺米娅

谷神星

查龙

冥王星

2005 FY9

2003 EL61

赛德娜

夸瓦尔

矮行星比较图

矮行星的形状

现在的 4 个矮行星都是球形的，因为天文学家规定，要成为矮行星，其形状必须是接近规则的球形，这样，那些虽然足够大，但是形状差得太远的行星就不能成为矮行星。

2003 UB313

齐娜星

齐娜星是在 2003 年被发现的，它要比冥王星还要大，如果人类没有发现齐娜星，那么冥王星仍然会被认为是大行星，而谷神星还是小行星。在发现齐娜星以后，天文学家们才决定重新划分太阳系内的天体。

矮行星的卫星

人们以前一直认为卡戎星是冥王星的卫星，但是后来通过观测，才发现它们原来是处在一个轨道上的两颗行星，因此，到现在为止，矮行星都没有卫星。

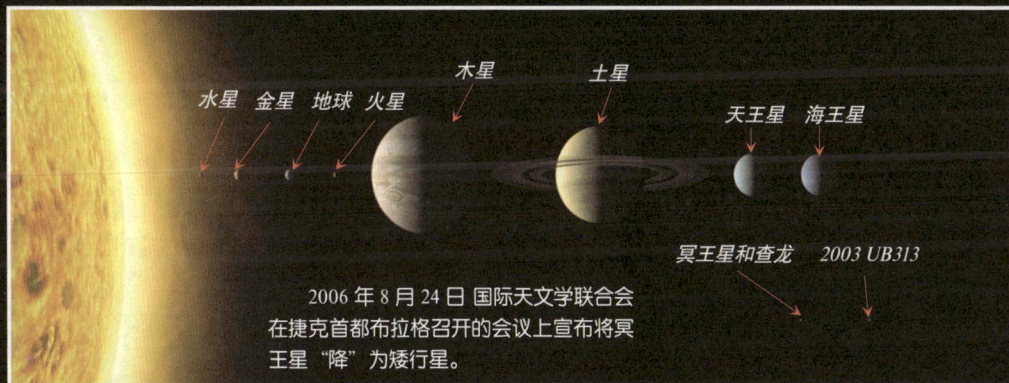

水星　金星　地球　火星　木星　土星　天王星　海王星

冥王星和查龙　　2003 UB313

2006 年 8 月 24 日 国际天文联合会在捷克首都布拉格召开的会议上宣布将冥王星 "降" 为矮行星。

冥王星

冥王星看起来非常微弱，即使用天文望远镜拍摄，它和普通的恒星也没有什么差别，所以在几十万颗星星中找到它是非常困难的。人们刚发现冥王星的时候，误以为它很大，所以很久以来，冥王星都被当做是大行星。

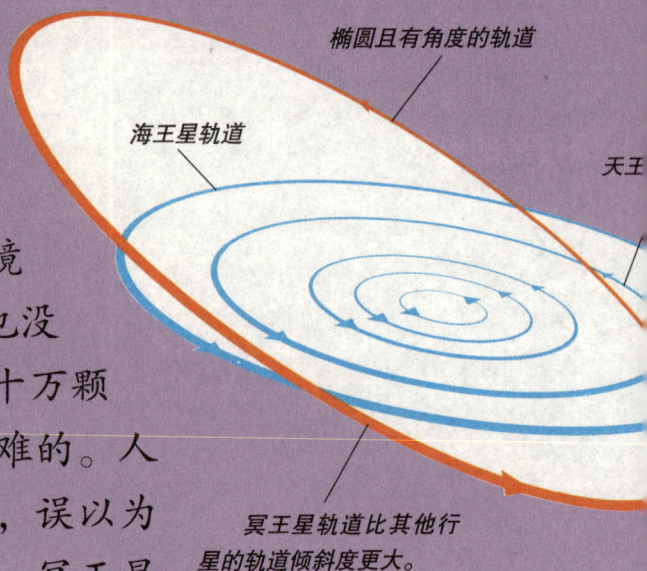

椭圆且有角度的轨道

海王星轨道

天王

冥王星轨道比其他行星的轨道倾斜度更大。

80

矮行星

现在冥王星被列入矮行星，这是因为它的质量太小，轨道也偏离正圆形，虽然矮行星也在围绕着太阳转动，但它们的运动和八大行星相差很大。

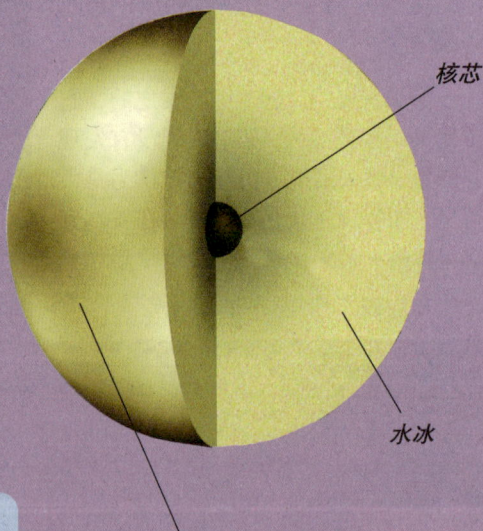

核芯

水冰

1977 年发现冥王星表面是冰冻的甲烷。

冥王星上的物质

因为冥王星距离我们太远，而且又小，因此很难观测，科学家猜测冥王星也是由岩石和冰块组成的，可能还有一些固体的氮气等气体。

冥王星的大小

冥王星是一个并不大的矮行星，它甚至还没有月亮大，因此在 20 世纪的时候，它一直被看做是最小的太阳系行星。

2006 年 3 月的冥王星

冥卫查龙

冥王星的卫星被命名为查龙。在希腊神话中查龙是普鲁托的一个役卒，专在冥海上渡亡灵。查龙的公转周期与冥王星的自转周期一样，都是 6.39 日。

难以分辨

由于冥王星离我们实在太远了，以致在大望远镜里也不能把冥王星和它的卫星分开。这好比气象站的风速计，一根横杆连着两个圆球，在疾风中旋转。从远处看去，两个圆球融成一体，只能察觉出它时圆时扁的变化。

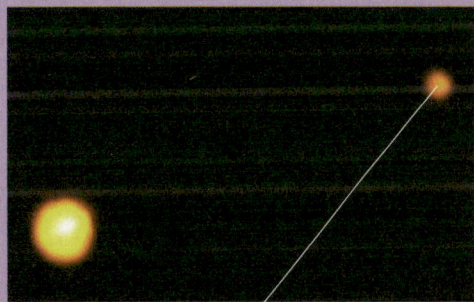

冥王星的卫星是由美国海军天文台的克里斯蒂在 1978 年 7 月研究冥王星的照片时偶然发现的。

彗　星

彗星是一个拖着长长的尾巴的星星，在天空出现一段时间以后，它就会慢慢地消失，这种奇妙的天体一直吸引着人类的注意和好奇之心。

彗星的组成

一颗完整的彗星是由彗核、彗发和彗尾三部分组成的。彗核是彗星的主要部分，它集中了彗星的大部分质量，彗核外面包裹着一层像云雾一样的东西，称为"彗发"，它是彗核周围明亮的发光气体和尘雾，彗核和彗发合称"彗头"。

"脏雪球"

　　彗星是太阳系中很普通的星体，它是由岩石、含有冰粒和尘埃的冰冻气体构成的，就好像一个搅和着杂质的雪球一样，所以，有的人也形象地称它为"脏雪球"。

"脏雪球"

当彗星驶向太阳时，彗尾逐渐变长。

在太阳附近时彗尾最长。

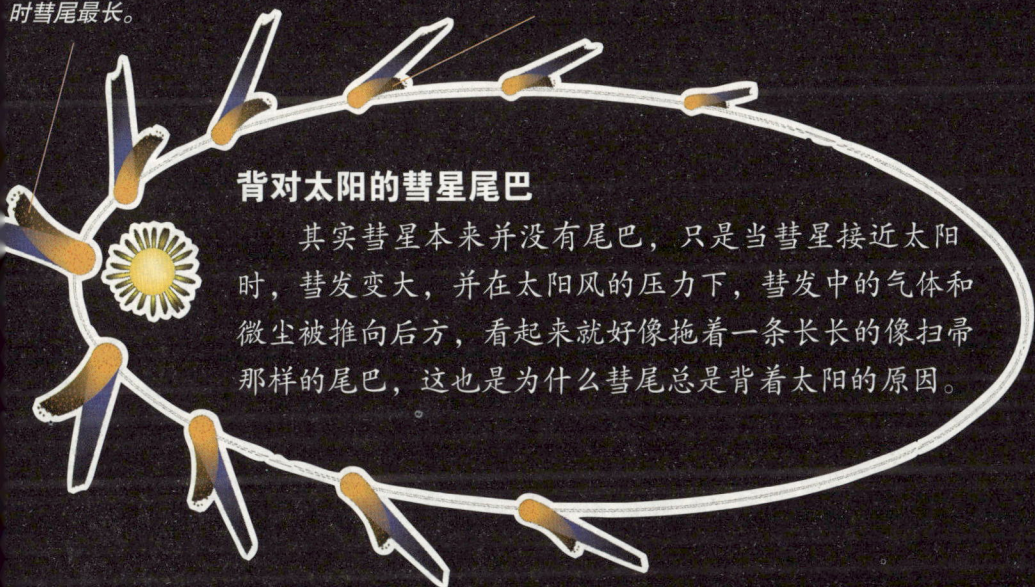

背对太阳的彗星尾巴

　　其实彗星本来并没有尾巴，只是当彗星接近太阳时，彗发变大，并在太阳风的压力下，彗发中的气体和微尘被推向后方，看起来就好像拖着一条长长的像扫帚那样的尾巴，这也是为什么彗尾总是背着太阳的原因。

83

庞大的体积

　　在太阳系里没有任何一个天体的体积可以和彗星所占空间的体积相比。大的彗星，彗头的直径就有约 185 万千米，相当于地球直径的 145 倍，小的彗星，彗头的直径也有约 13 万千米，是地球直径的 10 倍多呢。

比拉彗星在 1745 年回归时，被发现分裂成两颗，它是一颗因自身分裂而走完生命旅程的短周期彗星。

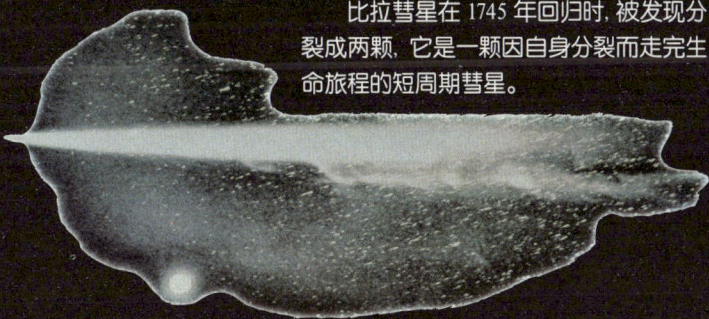

彗星的来源

　　科学家们只要获得足够的数据，就可以计算出一颗彗星的轨道距离太阳最远点在哪里，这样我们就可以知道彗星大概的来源之地了。

彗星的身世

　　彗星的故乡是一个远离太阳的寒冷区域，这个区域里有无数的冰冷固体物质，当这些物质在运动中慢慢靠近太阳时，固体的冰物质开始溶化并被蒸发掉，彗星就是这样形成的。

海尔——波普彗星

在 1997 年出现的海尔——波普彗星是一颗非常明亮夺目的彗星，它的回归周期大约有 2 000 年，是一颗长周期彗星，它最远可以跑到奥特云区域内。

波普彗星

彗星的密度

彗星的平均密度极小，只是一团极其稀薄的气体。如果把最大的彗星压缩成同地壳密度相同的球体，它的大小只有一座小山丘那么大。

太阳系的过客

有极少一些彗星的轨道非常奇特，这使得它们只能来地球一次，当它们离开以后，就再也不会回来，这些彗星来自于太阳系外的宇宙空间中。

哈雷彗星

　　哈雷彗星是一个周期性彗星，它的最远点在柯伊伯带上。它每隔大约 76 年在地球上空出现一次，是我们地球的老朋友了。

周期彗星

　　很多彗星都沿着一条椭圆轨道绕太阳运行，这叫"周期彗星"。每隔一定时间，它运行到离太阳和地球较近的地方，我们就可以看到它。人们可以精确地预言它们露面的时间。

非周期彗星

　　与"周期彗星"相对应的另一种是"非周期彗星"，它只在太阳附近出现一次，就像过路的客人，以后再也不见它回来了。

又大又活跃

　　哈雷彗星在众多彗星中几乎是独一无二的，又大又活跃，而且轨道有明确的规律，这使得飞行器瞄准起来比较容易。它的主要成分是水、氨、氮、甲烷、一氧化碳、二氧化碳等。

哈雷彗星的发现

1682 年 8 月，天空中出现了一颗用肉眼可见的明亮彗星，它的后面拖着一条清晰可见、弯弯的尾巴……英国著名的天文学家哈雷最先计算出了这颗彗星的轨道和周期，所以它被称为哈雷彗星。

哈雷

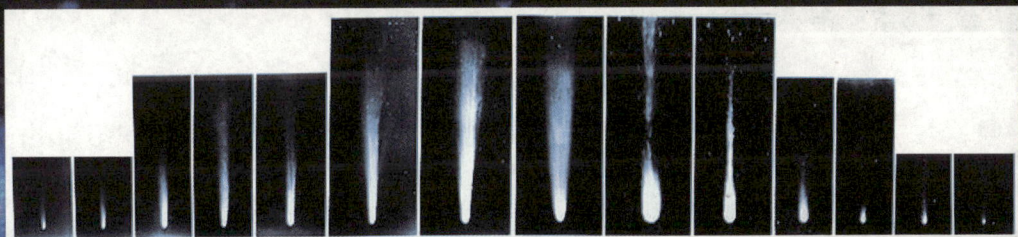

哈雷彗星 1910 年 4 月 26 日到 6 月 11 日的情况

最早的记载

其实，我国是对哈雷彗星做过最早记载的国家。史书《春秋》中曾有：公元前 613 年，鲁文公十四年"秋七月有星孛（彗星）入于北斗。"现代天文学家根据它的轨道和时间判断所记录的星孛就是哈雷彗星。

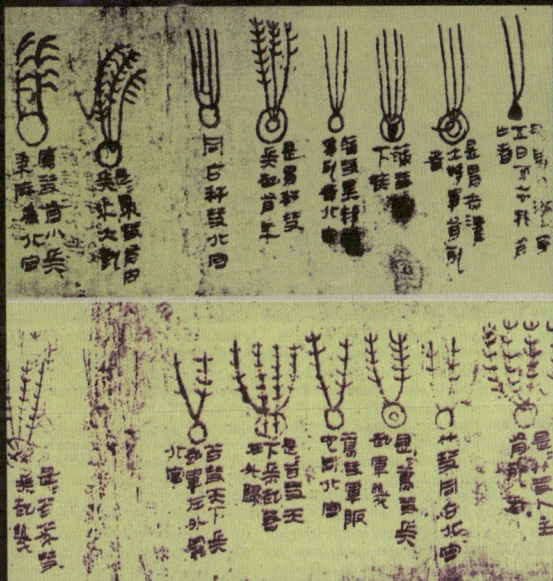

中国古代彗星图

游荡的小行星

在太阳系中，除了八颗大行星以外，还有成千上万颗我们肉眼看不到的小天体，它们像八大行星一样，沿着椭圆形的轨道不停地围绕太阳公转。与八大行星相比，它们好像是微不足道的碎石头，这些小天体就是太阳系中的小行星。

"体重"不大

大多数小行星的形状很不规则，而且表面粗糙、结构较松，表层由含水矿物组成。它们的质量很小，按照天文学家的估计，太阳系所有小行星加在一起的质量也只有地球质量的 1/40 000。

88

当撞击小行星的质量为被撞击小行星的 1/50 000 时，较大的小行星破裂时，形成一个碎石球。

当撞击小行星的质量大于被撞击小行星的 1/50 000 时，后者碎裂，形成一个小行星群。

形成尘埃

"碰撞假说"

"碰撞假说"认为，在火星、木星之间原来存在着几十颗"中介天体"。由于它们的轨道分布杂乱，在漫长的岁月中互相发生猛烈碰撞，碰撞碎裂形成了千万颗小行星，而最早发现的三颗小行星则是碰撞事故的幸免者。

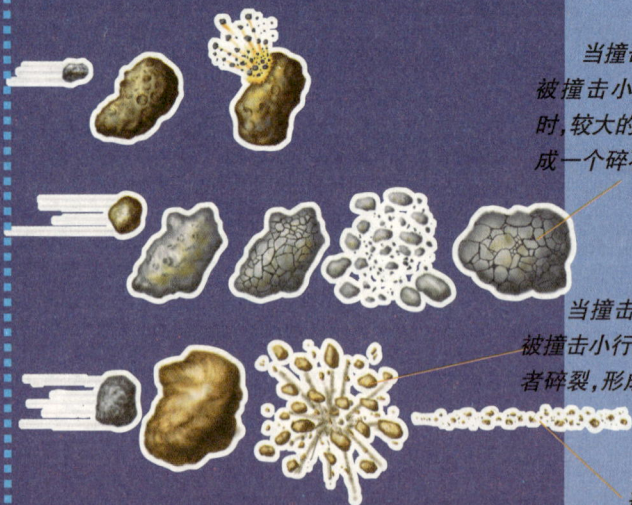

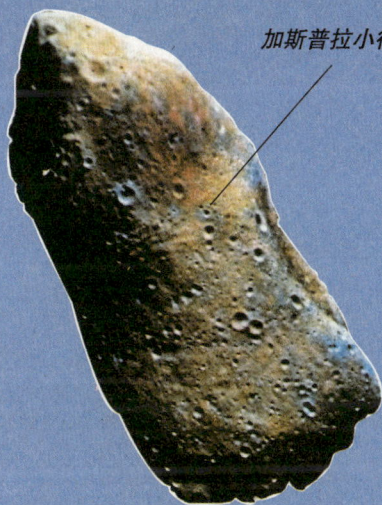

加斯普拉小行星

不安分的小行星

　　小行星带内有些活跃的小行星,要么跑到木星和火星附近,要么跑到火星与地球之间。在地球轨道附近运行的小行星被称为近地小行星,它们的总数大约有 2 000 颗。由于近地小行星可能会飞向地球,因而受到人们特别的关注。

恐龙是这样灭绝的吗

　　在我们地球的周围也有很多小行星,它们是被木星的引力改变了轨道而飘到地球上来的,这些小行星对地球造成了很大的威胁。现在人们大多相信,在 6 500 万年前,一颗小行星撞击了地球,并最终导致了恐龙的灭绝。

在小行星撞击地球之前,恐龙们惊恐四散而逃的情景。

彗星撞击木星

你有没有看过关于陨石撞击地球的好莱坞灾难片？其实，这也并不是不可能发生的事情。在 1994 年的一次天体撞击事件中，彗星撞击到木星，并且在木星上留下了很明显的痕迹，如果它撞击的是地球，那就意味着世界末日的到来。

彗星撞击木星。

90

主角简介

发生在 1994 年 7 月 16 日天体撞击事件中的主角有两个，一个是木星，一个是"苏梅克—列维"9 号彗星。根据计算，这颗彗星在 1992 年被木星俘获，并被木星强大的引力肢解成大小不一的残块，这些彗星残体排成一列，像一串珍珠一样，向着木星表面撞去。

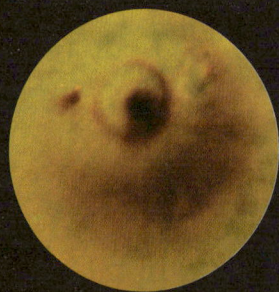
彗星撞向木星的瞬间

"苏梅克—列维"9 号彗星

大冲撞

在 1994 年 7 月 16 日 20 时 15 分开始，彗星的碎片开始撞击木星。撞击引起了巨大的爆炸，它的威力比地球上所有核武器同时爆炸还要强大上亿倍呢！

灾难性的后果

彗星和木星相撞在木星上产生了很明显的效应，巨大的蘑菇云在撞击点上空漂浮着，留下一个黑色的斑点，彻底地改变了木星的外貌。

带给地球的威胁

在火星的外侧和木星的内侧有一个由数目众多的小行星构成的小行星带。它们一般都是按照正常轨道运行，但是总有那么一些不安分守己的分子悄悄逃跑，进入近地轨道，给地球带来威胁。1989 年曾有一颗小行星与地球擦肩而过，引起人们一度的紧张。

小行星撞击地球。

通古斯大爆炸

1908 年 6 月 30 日，地面上空 6 千米处的大气层发生了一次爆炸，位置在西伯利亚的通古斯河上方。这次爆炸是由一小块彗星或小行星的瓦解造成的。大约 1 000 平方千米以内的树木被连根拔起。

通古斯大爆炸想象图

还能存活多久？它会生病吗？它会死亡吗？如果太阳系消失了，那我们人类还能繁衍生息吗？

现代星云学说

银河系中的一个云团因为来自内部物质的引力作用，开始迅速收缩，就如一幢高楼在顷刻间坍塌。大约 40 多万年之后，在云团中心形成了一个高温密集的气体球，并释放出大量的热和光。太阳由此诞生了。

太阳系的子民

在太阳形成以后不久，残存在太阳周围的一些气体和尘埃，形成了围绕太阳旋转的行星、诸多小行星和彗星等其他太阳系天体，其中包括我们的地球和月亮。

太阳系是个长寿老人

太阳的寿命约有 100 亿年，至今还有 50 亿年的寿命，现在正是它的"壮年"时期。人类的文明史不过才 5 000 年左右，科学技术水平已经发达到了现在这个地步。50 亿年是 5 000 年的 100 万倍，是我们想象不到的很遥远的一天。

太阳的归宿

随着时间的推移，太阳会慢慢地耗尽它全部的核能燃料，随之坍缩成一颗暗淡的白矮星。白矮星没有核反应，它是恒星核反应结束以后留下的残骸，依靠收缩自己的体积来继续辐射出微弱的能量，最后，太阳将成为一个无光无热的球体。

红巨星

白矮星

太阳会不会死亡呢？

任何天体都和人一样，要经历出生、成长、死亡的过程。随着时间的推移，太阳会慢慢地耗尽它的全部核能燃料，步入风烛残年，消逝在茫茫的宇宙深处，结束它辉煌而平凡的一生。

奥特云

奥特云是科学家假想的一个区域,这里有非常多的彗星,从这里出发的彗星围绕太阳旋转一圈所用的时间非常的长,很多长周期彗星都从这里来。

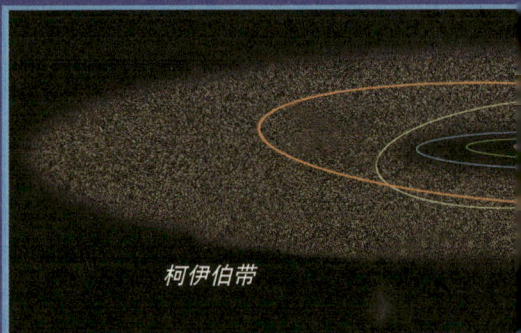

柯伊伯带

名字的由来

94

1950年荷兰天文学家奥特对41颗长周期彗星的原始轨道进行统计后认为,在冥王星轨道外面存在着一个硕大无比的云团。太阳系里所有的彗星都来自这个云团,因而人们把它称为彗星云或奥特云。

不一样的道路

由于从太阳邻近区域路过的恒星对原始彗星的扰动,质量小的彗星离开奥特云,扭过头来,或往太阳系外跑去,或朝太阳系内部飞奔,还有许多在太阳系里"安家落户"的呢。

彗星"仓库"

据奥特估计,奥特云中可能存在多达1000亿颗彗星。这真是一个庞大无比的彗星"仓库"啊!其中的每一颗彗星绕太阳一周都得上百万年。它们主要是在附近受到木星等大行星引力的影响而变为周期彗星。

奥特云是科学家假想的一个区域,这里有非常多的彗星,从这里出发的彗星围绕太阳旋转一圈所用的时间非常的长,很多长周期彗星都从这里来。

冥王星轨道

"冰山"

由于奥特云离太阳非常遥远，在奥特云的位置是看不到又大又圆的太阳的，因此奥特云得不到任何恒星的光和热，就像一座"冰山"一样寒冷。

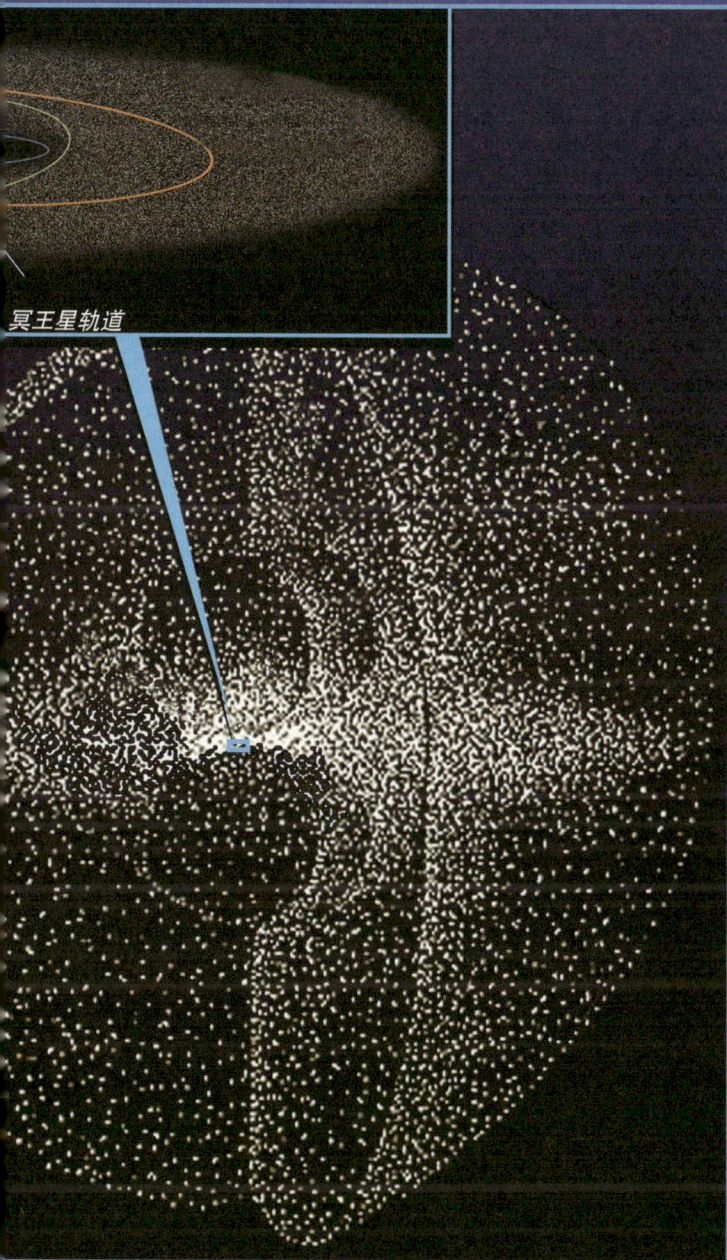

大大小小的"冰山"

彗星就来自这座"冰山"，这些"冰山"上的来客本身也是一座座大大小小的"冰山"，大的直径超过 10 千米，比地球上的最高峰珠穆朗玛峰还要壮观，小的则只有几十千米。

图书在版编目（CIP）数据

迷人的太阳系/张哲编. —合肥：安徽科学技术出版社，
2012.11
（中小学生最爱的科普丛书）
ISBN 978-7-5337-5565-2

Ⅰ.①迷… Ⅱ.①张… Ⅲ.①太阳系－青年读物 ②太
阳系－少年读物 Ⅳ.①P18-49

中国版本图书馆 CIP 数据核字（2012）第 051809 号

迷人的太阳系   张哲 编

....
出版人：黄和平   责任编辑：吴 夙   封面设计：李 婷
出版发行：时代出版传媒股份有限公司   http://www.press-mart.com
　　　　　安徽科学技术出版社   http://www.ahstp.net
　　　　　（合肥市政务文化新区翡翠路 1118 号出版传媒广场,邮编:230071）
印　　制：合肥杏花印务股份有限公司
....
开本：720×1000 1/16   印张：6   字数：100 千
版次：2012 年 11 月第 1 版   印次：2023 年 1 月第 2 次印刷
....
ISBN 978-7-5337-5565-2   定价：29.80 元